青少年
DeepSeek

速学速用实战手册

高泽龙 艾静◎著

重庆出版集团 重庆出版社

图书在版编目（CIP）数据

青少年Deepseek速学速用实战手册 / 高泽龙，艾静著. -- 重庆：重庆出版社，2025. 4. -- ISBN 978-7-229-20029-9

Ⅰ．TP18-49

中国国家版本馆CIP数据核字第20256SP863号

青少年DeepSeek速学速用实战手册
QINGSHAONIAN DEEPSEEK SUXUESUYONG SHIZHAN SHOUCE

高泽龙　艾　静　著

出 品：	华章同人
出版监制：	徐宪江　连　果
责任编辑：	史青苗
特约编辑：	张锡鹏　孙　浩　于　枫
营销编辑：	刘晓艳
责任印制：	梁善池
责任校对：	彭圆琦
装帧设计：	末末美书

重庆出版集团
重庆出版社　出版
（重庆市南岸区南滨路162号1幢）
北京毅峰迅捷印刷有限公司　印刷
重庆出版集团图书发行有限公司　发行
邮购电话：010-85869375
全国新华书店经销

开本：880mm×1230mm　1/32　印张：6.125　字数：120千
2025年4月第1版　　2025年4月第1次印刷
定价：59.80元

如有印装质量问题，请致电023-61520678

版权所有，侵权必究

序言一

拥抱DeepSeek，助力青少年成长并提升竞争力

在当今这个数字化时代，人工智能（AI）已成为推动社会进步的关键力量。从智能家居到自动驾驶，从医疗诊断到金融分析，AI的应用无处不在。然而，AI的影响力不局限于这些领域，还在教育领域展现出巨大的潜力，尤其是对青少年的成长和学习有着深远的影响。DeepSeek作为一款先进的AI助手，正在成为青少年教育领域的重要工具，帮助他们提升学习成绩和竞争力，为未来的职业发展打下坚实的基础。

青少年是国家的未来和希望，他们所受的教育和未来发展直接关系到国家的长远竞争力。随着AI技术的飞速进步，社会将更加依赖具备AI素养的人才。因此，将AI教育纳入青少年的课程体系，不仅能够帮助他们适应未来社会的需求，还能激发他们的创造力和创新精神。

通过学习AI，青少年可以了解其基本原理、应用场景和潜在作用，培养他们对新兴技术的敏感度和适应能力。更重要的是，AI教育能够培养青少年的逻辑思维、数据分析能力和问题解决能力，这些技能在任何领域都是必不可少的。

DeepSeek作为一款先进的AI助手，为青少年学习AI提供了一个互动性强、易于理解的平台。它能够以自然语言与学生对话，解答他们关于学习和生活的各种问题，帮助他们更好地理解复杂概念。例如，当学生对长征七号运载火箭的发动机原理感到困惑时，DeepSeek可以用简单易懂的语言解释其原理，并通过实际案例加深其理解。

此外，DeepSeek还可以根据学生的学习进度和兴趣，提供个性化

的学习建议和资源。它能够推荐相关的书籍、在线课程和项目，帮助学生拓展知识面，激发他们的学习兴趣。这种个性化的学习体验能够提高学生的学习效率，使他们更加积极地学习。

在学习过程中，DeepSeek可以作为一个智能学习伙伴，解决学习中遇到的难题。无论是数学问题、科学实验还是语言学习，DeepSeek都能及时地提供帮助和指导。这种即时反馈能够帮助学生更好地掌握知识，提高学习成绩。

更重要的是，通过与DeepSeek的互动，学生能够培养独立思考和自主学习的能力，学会提出、分析问题并解决问题的能力，这将使他们在未来的学习和职业生涯中更具竞争力。

青少年是未来的创新者和领导者，通过AI教育，我们能够为他们提供必要的知识和技能，使他们能够在未来社会中发挥重要作用。DeepSeek不仅是一个学习工具，更是一个激发学生创造力和想象力的平台。它鼓励学生探索未知，尝试新的想法，培养他们的创新精神。

在未来的职业市场中，具备AI素养的人才将受到青睐。通过在青少年时期接触和学习AI，他们将为未来的职业生涯做好准备，成为能够推动社会进步和技术创新的中坚力量。

在AI时代，DeepSeek作为青少年AI教育的重要工具，正在帮助学生提升学习成绩、增强竞争力，为他们的未来打下坚实的基础。让我们共同期待，这些青少年能够在未来发挥重要的作用，成为推动社会进步和技术创新的栋梁之才。

高泽龙

2025.03.31

北京

序言二

致未来世界的首席架构师
——论AI时代的创造性觉醒

一、文明的奇点：当少年遇见认知跃迁

亲爱的年轻创造者们：

当你们在课上观看教学短视频时，当你们用智能手表监测运动数据时，当你们在虚拟世界建造数字城堡时——或许尚未察觉，但其实你们正站在人类文明史上最瑰丽的交叉点。这个被称为"认知奇点"的时刻，人类认知和创造正在迎来平权化的曙光，无论你是刚刚进入小学，还是已经掌握了很多学科知识，都可以和顶级发明家一样，通过AI工具的应用实现自己的发明和创造。

前些天，我在北京观摩了以AI教育为主题的大型论坛，来自全国的数十位老师分享用AI赋能课堂的经典案例。我们看到老师们已经用DeepSeek设计模型、演示物理实验；用AI生成视频进行课堂情境导入，同学们用DeepSeek辅助完成各学科作业。那个瞬间让我们看到：DeepSeek这类平台，正在将你们的思维触角从知识边界延伸至思维创新的更深处。

作为"AI一代"，你们一出生就在AI技术的大潮中，拥有更多在数字与物理世界自由穿行的体验，更加懂得如何与生成式AI合作形成奇妙共振。当我在研究"AI背景下的创新人才培养"的课题时，发现使用DeepSeek的青少年组在解决复杂问题时，展现出了更广阔的视野、

更强的跨学科联结能力和思维创造力。

二、解缚思维：DeepSeek是如何重塑学习DNA的

传统的学习重视重复与记忆——"读书百遍，其义自见"，而今天，你们只需掌握唤醒DeepSeek的提问咒语，就能像孙悟空一样，把拔出的毫毛变成千万个不同角色的AI Agent智能体，直接进行创意的升级创造。所以说，DeepSeek不仅是手中的工具，也扮演着未来世界的"翻译者"——你的提问训练它，它的回答又在影响你。

本书通过对DeepSeek基础理论和具体案例的学习，带领读者共同探索"AI时代的未来创新人才"的成长地图。

1. 知识图谱的重构者

从关注学习知识到逻辑关系的重构，当你使用探究式的学习，彻底颠覆背诵式学习时，通过与DeepSeek的对话，就拥有了技术赋能思维链成长的价值观。

2. 思维模式的催化酶

通过对DeepSeek工具的学习，可以提升学习的动力，进而激发兴趣并提升效率，一个创意就可以展现你的系统思维——这种能力往往需要十余年专业训练才能获得。

3. 创造力的共振腔

从"解题"到"创造"，DeepSeek可以通过项目发展出创新思维；但当AI可以瞬间生成千百个完美项目时，手工打磨作品则会更有意思。所以把握好基础技能后再用工具赋能，你们的创造力才能向更高的维度迁移。

三、双生火焰：在人机共生中培育完整人格

AI时代，青少年究竟需要什么样的能力和素质？当你们将在数字原野上奔跑时，请记得既要向内观，又要向外看。既要内化所掌握的基础知识，做到离开工具仍能独立完成任务；又要最大化地发挥大模型工具提升效率的优势。

面对海量的信息，无论DeepSeek还是其他应用，我们在使用时都应该建立"事实核查-逻辑校验-价值过滤"的三级筛查，这样才能形成自己的认知免疫系统，在使用工具时，保持独特的审美判断力。只有善用价值罗盘去指导选择，才能收获更好的成果。

四、致新文明的开路者

亲爱的年轻创造者们：

当你们翻开这本DeepSeek应用之书时，请允许我分享三个"认知锦囊"。

1.做AI的指挥家，而非听众

DeepSeek如同数字交响乐团，但总谱永远在你们手中。请学会驾驭AI：既要理解每个"乐手"的特质，更要坚守自己的价值观、艺术诠释与审美标准。

2.在数字旷野播种人文之花

在对比莫高窟的原图和AI生成的飞天创意时候，我们感受到：无论是多么瑰丽的AI创作，都永远无法替代画师笔下的线条。当你们用DeepSeek时，请记住注入独属于你的生命印记。

3.保持危险的思考

DeepSeek虽然能高效地帮助我们完成任务，但请保持批判性审

视,避免算法偏见,做个具备技术素养与人文温度的"完整的人"。

最后我想说:创造,永远发生在精密计算与天马行空的交界地带。愿你们在DeepSeek的辅助下,绘制出属于自我发展的新解。

现在,请转动这把名为"开始"的钥匙。门后的世界,则需要用你们的好奇心去照亮。

艾静

北京大学(天津滨海)新一代技术研究院副主任

目 录

序言一　拥抱DeepSeek，助力青少年成长并提升竞争力　3

序言二　致未来世界的首席架构师
　　　　——论AI时代的创造性觉醒　　5

第一章　揭开DeepSeek的神秘面纱　　001

第一节　DeepSeek概况、背景与起源　　003
第二节　国产大模型创造世界奇迹　　008
第三节　DeepSeek重塑生态链与竞争格局　　013
第四节　DeepSeek的四大核心技术　　014
第五节　DeepSeek与其他大模型的比较　　019

第二章　DeepSeek是如何工作的　　024

第一节　大模型的秘密：数据的力量　　025
第二节　语言的力量：DeepSeek如何理解文字　　029
第三节　思考与回答：DeepSeek的"大脑"　　033
第四节　学习与成长：DeepSeek是如何学习的？　　036
第五节　模型的魔法：算法和计算　　039

第三章　用好提示语，玩转 DeepSeek　　044

第一节　四大能力：DeepSeek 可以做什么？　　046
第二节　三大原则：使用 DeepSeek 的关键原则　　050
第三节　掌握提示语设计：AIGC 时代的必备技能　　052
第四节　提示语的组成：解构强大提示语的基本元素　　057
第五节　常见陷阱与应对：新手必知的提示语误区　　062

第四章　DeepSeek 让学习高效和轻松　　065

第一节　DeepSeek 如何帮助你学习　　066
第二节　用 DeepSeek 提升语文与历史的成绩　　070
第三节　数理化地：DeepSeek 辅助学习解题技巧　　082
第四节　外语学习：DeepSeek 的多语言能力　　091
第五节　自主学习：如何用 DeepSeek 自学成才　　097

第五章　DeepSeek 激发你的创造力　　101

第一节　DeepSeek 如何激发你的创造力？　　102
第二节　DeepSeek 与多模态内容生成　　107
第三节　写故事、编剧本：DeepSeek 的创意写作　　111
第四节　绘画与设计：DeepSeek 的视觉创意　　116
第五节　编程与科技：DeepSeek 的代码辅助　　118

第六章 DeepSeek 与未来职业　　122

第一节　DeepSeek 可能会淘汰哪些工种？　　123
第二节　DeepSeek 能帮助你就业吗　　125
第三节　新兴职业：人工智能时代的机遇　　127
第四节　学习新技能：DeepSeek 助理　　129
第五节　创业与创新：DeepSeek 的启发　　130

第七章 DeepSeek 的实用技能　　133

第一节　如何使用 DeepSeek 辅助制作 PPT　　134
第二节　使用 DeepSeek 辅助设计精美的海报　　137
第三节　玩转微信公众号：内容生产的提示语策略　　139
第四节　如何使用 DeepSeek 辅助生成视频？　　143
第五节　如何使用 DeepSeek 处理社交关系　　145

第八章 DeepSeek 的私人使用指南　　147

第一节　搭建自己的 DeepSeek 桌面助理　　148
第二节　人机共生时代的能力培养体系　　154
第三节　DeepSeek 实践工具、社区与资源　　157
第四节　DeepSeek 实践中的团队协作　　160
第五节　调用 DeepSeek API，实现私有化部署　　162

附录 169

附录一	DeepSeek 相关术语解释	170
附录二	DeepSeek 相关学习资源推荐	176
附录三	DeepSeek 产品定价及扣费规则	179
附录四	Temperature 设置与 Token 用量计算	181
附录五	首次调用 API 的说明	182

第一章

揭开DeepSeek的神秘面纱

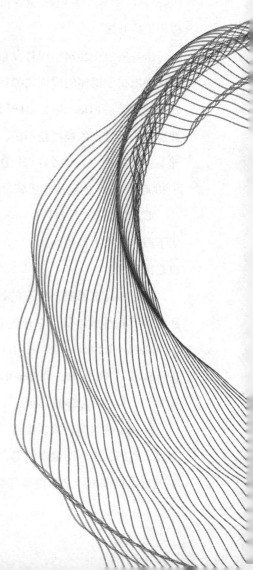

在人工智能（以下简称AI）快速发展的时代，DeepSeek像一颗闪亮的星星，一出现就引起了全世界范围内的广泛关注和热烈讨论。

DeepSeek的中文名叫"深度求索"，是由杭州深度求索人工智能基础技术研究有限公司开发的一款开源AI工具。它专注于提供高效易用的AI模型训练和推理能力，既包括预训练的大语言模型（比如DeepSeek-R1模型系列），也提供配套的工具链，帮助开发者快速把AI应用推广开来。

DeepSeek在2024年12月发布了DeepSeek-V3模型，在多语言编程测试中取得了很棒的成绩。2025年1月，杭州深度求索公司发布了两款开源AI大模型（DeepSeek-R1模型和DeepSeek-R1-Zero模型）。它们的性能和国外领先的模型差不多，甚至有些方面要更好，一下子成了全球关注的焦点。2025年2月1日，DeepSeek-R1模型的日活跃用户数突破了3000万，成了达到这个成就最快的应用。

截至2025年2月2日，DeepSeek在140个国家和地区的苹果应用商店下载排行榜上都位列第一，在美国的谷歌应用商店的下载排行榜上也是第一名。

DeepSeek能够赢得大家的好评，不仅因为其所使用的技术过硬，还因为其训练成本低，它开放的生态策略也引起了业界的热烈讨论。DeepSeek-R1和DeepSeek-R1-zero这两款模型是基于之前发布的DeepSeek-V3开发的，训练他们只投入英伟达H800 GPU的280万小时算力，成本大约为560万美元。

DeepSeek的确有很多优点：首先，它能支持多种任务，比如文本生成、代码补全、图像理解等，在技术上有了新突破，在中文环境下表现得比很多国际开源模型都要好；其次，DeepSeek采用了轻量化部署策略，提供量化压缩工具，支持在端侧设备上运行，降低了应用的门槛；最后，DeepSeek遵循MIT开源协议，有完整的技术文档和良好的社区支持，形成了一个活跃的开源生态。

在很多行业里，DeepSeek都展现出了很大的应用价值，受到了欢迎。例如，在医疗行业，用DeepSeek来辅助诊断，可以大大提高效率；在教育行业，为了减轻老师的备课压力，一些企业正在接入DeepSeek，开发智能备课系统；在工业领域，一些工程公司在试点利用DeepSeek搭建设备运维知识库，以缩短故障排查时间。

第一节　DeepSeek概况、背景与起源

一、成立背景

杭州深度求索人工智能基础技术研究有限公司（DeepSeek）是中国AI的破冰者，这家后来震动全球AI领域的科技企业，名称里蕴含着"深度探索"。这既和深度学习技术有关，也代表着勇于开拓未知领域的精神。

DeepSeek于2023年7月17日成立，创始人梁文峰也是投资界积累了实力的知名私募巨头幻方量化（High-Flyer）的实际控制人。幻方量化于2015年成立，专注于用AI技术来做量化投资。

在创办DeepSeek之前，梁文峰在金融科技领域的实力也不容小觑。他看到了通用人工智能（AGI）的发展潜力，认为它值得被深入探索，于是创立了DeepSeek。DeepSeek从一开始就专注于开发高效、高性能、先进的大语言模型（LLM）和相关技术，目标是研究通用人工智能。公司总部位于浙江杭州，注册资本1000万元人民币。

幻方量化为DeepSeek的研发提供了充足的资金支持，显示出创始人对AI技术创新的坚定决心。

二、核心团队与技术人才

DeepSeek的核心团队由一群在AI领域有着过硬的技术实力和丰富经验的专家组成。这些专家大多来自国内外顶尖的高校和研究机构，专业知识扎实，创新能力突出。他们把理论研究和实际应用结合起来，为公司奠定了坚实的技术基础。

他们在技术研发和创新方面已经取得了丰硕的成果，同时在产品设计、用户体验和市场拓展等方面也可圈可点。通过团队的努力，DeepSeek很快就在AI领域崭露头角，成了这个领域的明星企业。

公司创始人梁文锋，可以称得上是"天才少年"。他于1985年出生在广东湛江。2002年，只有17岁的梁文锋以吴川市第一中学"高考状元"的成绩考入了浙江大学电子信息工程专业。毕业后，他又在浙江大学读研究生，跟着导师项志宇学习，主要研究机器视觉。梁文锋在2008年金融危机的时候，就开始尝试把机器学习技术用在金融市场分析上，并在量化投资领域取得了显著的成就。在他的领导下，幻方量化成为资金管理规模超过百亿的私募公司。15年的量化投资实战经验，让他的团队在数据处理、算法优化等领域有了深厚的功底。正是这种跨界的经历，让DeepSeek一开始就有了"技术驱动、场景落地"的双轮发展的特点。

DeepSeek的其他成员大多来自北京大学、清华大学、香港科技大学、北京邮电大学、北京航空航天大学等知名学府，有不同的专业背景。团队的核心成员绝大多数都在AI领域有卓越的成就和深厚扎实的专业积累。多元的学术背景和强大的技术实力，为DeepSeek的"一出世便登上巅峰"奠定了坚实的人才基础。

这个团队成员的平均年龄约28岁，他们充满活力，敢于创新。虽然员工规模不到140人，但85%以上的员工都有硕士学位，40%以上的员工有博士学位（据2025年1月相关报道）。背景的多元化有助于促进团队的创新和协作。DeepSeek的团队文化是让员工对自己做的工作充满热情，因为这样才能够积极投入、努力拼搏，从而推动AI技术的发展。

总的来说，DeepSeek的核心团队是一支充满活力、学历高、多元化且热情投入的团队，他们用才华和努力共同推动了DeepSeek在AI领域的快速发展和研发创新。

三、发展历程

（一）2023年：成立及初创期

2023年7月17日，DeepSeek在杭州市拱墅区市场监督管理局登记成立。公司位于浙江省杭州市拱墅区环城北路169号汇金国际大厦西1幢1201室。

（二）2024年：重度研发，成绩斐然

DeepSeek成立没多久，就开始搞技术研发，陆续推出了好几个针对不同应用场景的模型。

2024年1月5日，他们发布了第一个大语言模型DeepSeek-LLM。这个模型有670亿参数，是在一个包含2万亿tokens的数据集上训练的，数据集里既有中文也有英文。

2024年1月25日,他们又发布了DeepSeek-Coder。这个模型专门用来做代码生成和补全。

2024年2月5日,他们推出了DeepSeek-Math。这个模型专门用来处理数学相关的任务,在数学推理能力方面取得了突破性进展。

2024年3月11日,他们发布了DeepSeek-VL。这是一个开源的多模态大语言模型,在处理视觉任务方面能力很强。

2024年5月7日,DeepSeek发布并开源了第二代开源混合专家(MoE)模型DeepSeek-V2。这个模型在降低推理成本和性能提升上都有了很大的突破,性能和GPT-4 Turbo差不多,但价格只有GPT-4的百分之一,所以被大家叫作"AI界的拼多多"。

2024年6月到12月,DeepSeek在技术上取得了很大的突破,也得到了市场的很多关注。在此期间,DeepSeek还在不断升级迭代。

2024年6月17日,他们推出了DeepSeek-Coder-V2。这个模型在编码和数学推理能力上有了提高。

2024年9月5日,官方更新了API支持文档,宣布把DeepSeek-Coder-V2模型和DeepSeek-V2-Chat模型合并,升级推出了全新的DeepSeek-V2.5新模型,在写作任务、指令跟随等多方面都进行了优化。

2024年11月20日,推理模型DeepSeek-R1-Lite预览版正式上线了。

2024年12月13日,发布了DeepSeek-VL2。这个模型提升了多模态理解能力。

2024年12月26日,DeepSeek正式上线了全新系列模型DeepSeek-V3的首个版本,并且同步开源。DeepSeek-V3采用61层的深度架构,隐藏层维度是7168、前馈网络隐藏层维度达到18432，有128个注意力头，词汇表大小是129280，最大位置嵌入是163840。

(三) 2025年：为国争光，声名鹊起

2025年1月20日，DeepSeek正式发布了DeepSeek-R1模型。这个模型采用了强化学习技术来提升推理能力，在数学、代码、自然语言处理等方面的任务上的表现和OpenAI o1正式版差不多，但训练成本只有后者的十分之一。DeepSeek-R1模型一发布就引起了全世界的关注，其应用在很多国家和地区的应用商店的下载排行榜上都排在了前列。

2025年1月24日，在Arena公布的大模型排名上，DeepSeek-R1模型的基准测试排名已经升到了全类别大模型第三。其中，在风格控制类模型（Style Control）这个分类里，DeepSeek-R1模型OpenAI o1模型并列第一。

2025年1月27日，DeepSeek应用在15个国家或地区的苹果应用商店免费应用下载排行榜上排到了第一；在美国的苹果应用商店免费下载榜上，从1月26日的第六位升到了第一位。

2025年1月31日，具有6710亿参数的高性能大模型DeepSeek-R1，已经作为NVIDIA NIM微服务预览版在build.nvidia.com上发布了。

2025年2月，DeepSeek的R1、V3、Coder等系列模型，已经陆续上线国家超算互联网平台。

2025年2月2日，DeepSeek应用在140个国家和地区的苹果应用商店下载排行榜上排到了首位。

2025年2月4日，海光信息技术团队已成功实现DeepSeek-V3和R1模型与海光DCU的国产化适配，并正式上线。

2025年2月6日，吉利汽车宣布，他们自己研发的星睿大模型已经成功和DeepSeek-R1模型完成了技术层面的深度融合。

2025年2月7日，岚图汽车表示，已完成和DeepSeek的模型的深度融合，"岚图知音"将成为汽车行业第一个融合DeepSeek的量产车型。

2025年2月8日，根据QuestMobile数据显示，DeepSeek在1月28日的日活跃用户数首次超过了豆包，在2月1日突破了3000万，成了取得这个成就最快的应用。

第二节　国产大模型创造世界奇迹

一、"星际之门"项目与美国的对华芯片封锁政策

2025年1月21日，美国政府宣布启动一个轰动世界的超级项目——"星际之门"（Stargate）。这个项目由甲骨文公司、OpenAI（美国开放人工智能研究中心）和日本软银集团共同出资（4年内投资额扩展至5000亿美元），用于支持在美国建设支持AI发展的基础设施。

美国总统特朗普特别激动地表示，"星际之门"项目不会只是一个普通的数据中心，而会是为新一代AI发展提供支持的基础设施项目，会为美国的创新和技术领导地位奠定坚实的基础。

之前，美国政府对中国的科技企业施加了不少限制。2024年12月，白宫宣布要升级对中国芯片行业的限制措施，甚至要求盟友国也跟进。这一系列的措施，表面上看是想让中国被"卡脖子"，实际上暴露了美国政府因中国科技进步而产生焦虑。与此同时，中国也不甘示弱，对英伟达公司启动了反垄断调查。

从智能手机到自动驾驶，再到现在的ChatGPT等AI模型，都离不

开AI芯片这个核心。说到AI芯片，英伟达公司总是绕不过去，它掌控着全球大部分的AI算力资源，其研发的GPU几乎成了深度学习领域的标配。这些年，中国在科技领域进步飞快，特别是在超级计算等方面，已经开始挑战美国的领先地位。而作为这些技术核心的AI芯片，美国自然不愿意让中国轻松拿到。早在2023年，美国政府就开始限制高端芯片出口中国。

这场围绕AI芯片的博弈，不仅关系到两国的科技竞争，还牵动着全球产业链的未来。

二、DeepSeek为国争光，给美国政府的AI限制措施当头一棒

DeepSeek的出现，就像给美国政府的AI限制措施来了"当头一棒"！这说明中国的AI实力一点都不比美国差，甚至在某些方面还超过了美国，中国也是世界AI领域的"排头兵"。DeepSeek率先搞出的多项核心技术，把芯片算力需求降到了最低，这可能会打破美国的封锁，因为有了这些技术，我们就算没有高端芯片，也能研发出世界领先的大语言模型。

DeepSeek的成功，不仅展示了中国AI企业的技术实力，还给全球AI行业的发展提供了新思路和新方向。DeepSeek之所以这么受欢迎，主要因为有先进的技术、很棒的用户体验、有效的营销策略，推动了行业变革并带来了深远的社会影响，而且在中美竞争与博弈中扮演了极其重要的角色。通过技术创新和市场拓展，DeepSeek不仅成了AI领域的明星产品，还推动了多个行业的变革和社会进步。

DeepSeek的迅速崛起可能会挑战"AI越发展越需要更多电力和能源"这个普遍的观念。随着DeepSeek创新带来的热度越来越高，投资

者开始分析它对美国的AI科技企业以及硬件供应商的影响,于是美国股票市场科技板块相关指数在1月末大跌了一次。

DeepSeek最了不起的地方在于创新的技术架构和很低的训练成本。它的模型采用了新型多头潜在注意力机制和稀疏结构,大大降低了对显存的占用和推理成本。比如,DeepSeek-V2模型每百万tokens的输入只要1元人民币,只有GPT-4 Turbo的近百分之一。前面也提到过,2025年1月,DeepSeek发布了R1模型,这个模型的性能和OpenAI的o1模型差不多,但训练成本只有后者的十分之一。

如果把中美科技竞争比作一场拔河比赛,那么芯片就是绳子正中间的那个"结"。谁控制住了这个"结",谁就能占上风。而这一次,DeepSeek不仅在大语言模型性能方面超越了美国的同类产品,还彻底打破了以往大型语言模型被少数公司垄断的局面。

以后,DeepSeek还会继续在技术创新、生态建设和国际合作等方面努力,推动AI技术的普惠化。

三、中国AI技术发展的重大突破

DeepSeek的崛起可以说是中国AI技术发展的大突破,也是中美科技激烈竞争的一个典型例子。过去几年,美国政府一直加大对中国的技术供应的限制,特别是高端芯片,想凭借限制出口保住自己在AI领域的领先地位。但是,中国工程师靠着更高效的算法和更优化的架构,成功训练出了AI模型,DeepSeek的出现是对美国技术封锁政策的有力回击。

2025年1月,DeepSeek遭到大规模网络攻击,IP地址大多来自美国。紧接着,微软和OpenAI一起对它展开调查,质疑DeepSeek是否通过API非法获取数据。另外，美国政府以"安全与道德风险"为由，禁止美国人使用DeepSeek的模型。这些动作充分显示出美国对中国AI技术发展的担心，也说明DeepSeek的崛起已经对美国在AI领域的霸权构成了挑战。

2025年1月27日，在DeepSeek-R1模型发布的第二天，英伟达股价暴跌，市值蒸发了数千亿美元，创造了历史纪录，而中国AI概念股指数暴涨。DeepSeek在全球市场的成功，引发了中美在AI领域多方面的激烈竞争。

技术竞争：作为中国AI领域的代表产品，DeepSeek在国际市场上和美国同类产品的激烈竞争，有力地推动了全球AI技术的快速发展。

市场争夺：美国企业想通过技术封锁和设置市场壁垒来限制DeepSeek的扩张，而中国企业则依靠技术创新和灵活的市场策略应对挑战，积极争夺全球市场份额。

政策博弈：美国政府出台相关政策限制中国AI企业的发展，中国政府则通过政策支持和资金投入推动本土AI企业的快速发展，增强它们的国际竞争力。

DeepSeek不仅在技术上取得了突破，还以很低的成本完成了训练，从而超越了OpenAI的ChatGPT。这一成绩让美国科技界非常震惊，也让他们真正意识到，在AI领域，中国已经从"追赶者"成长为美国真正的竞争对手。美国白宫的官员说，中国在AI领域技术进步的速度令人"震惊"，和美国的差距已经缩短到"只有几个月"。美国军方更是直接下令，禁止相关人员下载和使用DeepSeek，理由是"可能威胁国家安全"。

展望未来，中美在AI领域的竞争肯定会愈演愈烈。美国还会出台新的限制措施,试图阻止中国在AI领域的进一步发展。而中国要通过持续加大科研投入,培养更多AI领域的人才,完善整个产业链,来确保AI技术的持续发展优势。

四、DeepSeek推动了AI技术的普惠化

DeepSeek的开源特性降低了AI应用开发的门槛,吸引了大量开发者和企业的参与。DeepSeek-R1等模型通过算法优化,能够在普通设备上高效运行,推动了端侧AI技术的发展。

技术的创新和突破带来应用领域的迅速扩展,微信官方宣布接入DeepSeek-R1模型。目前,微信可支持5000万到1亿用户同时在线,这个数字基本满足了微信首批DeepSeek用户的用量。在未来,智能聊天机器人借助DeepSeek能够实现更快速、准确的语义理解和回复。DeepSeek还会助力游戏AI实现更智能的决策和行为,增强游戏的趣味性和挑战性。

不限于DeepSeek,从产业发展层面来讲,苹果公司与阿里巴巴公司合作为中国iPhone用户开发AI功能,也标志着智能终端加速集成大模型能力。AI电脑、智能穿戴设备等硬件消费潮或提前启动,进一步拉动对高算力、低功耗芯片的需求,而DeepSeek在这些应用场景中有望发挥重要作用。DeepSeek推动AI算力需求从云端向终端扩散,加速了芯片需求的增长。

随着AI应用场景的不断拓展,AI芯片市场将迎来爆发式增长。AI芯片的发展不仅推动了半导体行业的创新,还为各行各业提供了更加高效、智能的解决方案。DeepSeek作为AI技术的先行者,其对算力的优化,将推动AI芯片市场新的发展。

第三节　DeepSeek重塑生态链与竞争格局

DeepSeek的出现不仅是一次技术革命，更是一场全球权力格局的再平衡。

DeepSeek的低成本、高性能模式被视为对传统AI赛道的颠覆。其技术创新不仅打破了对高性能芯片的依赖，还重塑了全球AI生态的竞争规则。DeepSeek的成功证明了开源路线的胜利，对大公司的闭源路线进行了颠覆。

中国制造业的强项在于快速工业化和规模化生产，无论是芯片代工还是AI软件的开发，都能迅速降低成本。DeepSeek的低成本背后其实是以整个中国制造体系作为支撑。从硬件成本的压缩到算法的优化，再到规模化生产和推广，每一个环节都体现了中国制造业的高效。

AI芯片产业链： DeepSeek的发展使市场对能够提供强大算力支持的AI芯片和服务器的需求大增。国产算力芯片，如华为昇腾、海光DCU芯片，因适配DeepSeek系列模型而需求激增。

AI应用产业链： 随着DeepSeek的不断发展，未来在教育、医疗、金融等多个行业，将会有更多的企业借助DeepSeek系列模型开发应用，推动行业的智能化进程。

硬件设备产业链： DeepSeek的本地部署需求不断增加，推动了端侧硬件智能化的发展。AI终端设备迎来了新的发展机遇。

数据标注与网络安全市场： DeepSeek的发展对高质量、专业化的数据标注需求也在持续增加。同时，网络安全市场也迎来了新的前景。

此外，DeepSeek还推动了制造业的智能化升级和创新发展。通过与制造业的深度融合，DeepSeek实现了其生产过程的自动化、智能化，提高了其生产效率和产品质量。

作为现象级的AI产品，DeepSeek的大语言模型迅速走红、备受追捧、被质疑、创造奇迹，以及引发产业革命和中美竞争等，不仅展示了中国在AI领域的创新能力和技术实力，更为全球AI行业的发展带来了新的机遇和挑战。

今后，以DeepSeek为代表的国产AI大模型会继续创造新的技术优势，推动中国在AI领域的不断进步。各国在竞争中寻求共赢之道，共同推动全球AI行业的繁荣发展，将有利于行业的长远发展。

第四节　DeepSeek的四大核心技术

DeepSeek在最近推出了3个主要的大模型版本，分别是DeepSeek-V2.5、DeepSeek-V3、DeepSeek-R1（这些模型都用了MoE架构）。在这之前，还推出了DeepSeek-VL、DeepSeek-Coder、DeepSeek Math。DeepSeek-V3自发布以来，受到了很多关注。

DeepSeek是一项非常前沿的AI技术，它的核心创新点在于高效的计算架构、优化的注意力机制以及多模态任务处理能力，其中的一系列重大创新和核心技术值得关注。

一、模型架构优化

Transformer架构： 该架构为DeepSeek系列模型构建的基石，利用自注意力机制有效地捕捉序列中的长距离依赖关系，能并行计算，让模型更好地理解文本语义和结构，为各种自然语言处理（NLP）任务奠定基础，像DeepSeek-LLM、DeepSeek-Coder等模型都基于此架构，如图1.4-1所示。

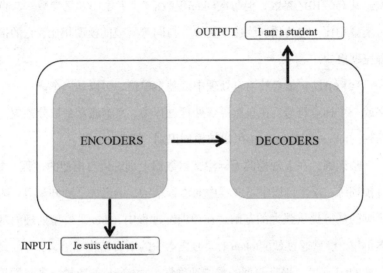

图1.4-1　最简单的Transformer架构图解

Transformer本质上是一个Encoder-Decoder（编码器-解码器）架构，核心机制是自注意力机制和多头注意力机制。自注意力机制是Transformer架构中的关键组件，通过结合多头注意力和位置编码，能够捕捉序列内部的关系，已经被广泛应用于如机器翻译、文本生成、问答系统、情感分析等自然语言处理任务。

举个例子，He went to the bank and learned of his empty account, after which he went to a river bank and cried.

这个句子中有两个"bank"。自注意力机制允许模型在处理序列数据时能够动态地关注输入序列中的其他部分。所以，通过分析句子的整个上下文，大模型可以理解bank的不同含义。而随着技术的不断发展，自注意力机制有望在更多领域发挥重要作用。

混合专家模型（MoE）： 基座模型DeepSeek-V3采用的是混合专家机制，每个Transformer层包含256个专家和1个共享专家，V3基座模型总共有6710亿参数，但每次token仅激活8个专家、370亿参数。与稠密模型相比，它的预训练速度更快；与同等规模的模型相比，它的推理速度更快。

Token： 它是自然语言处理中的基本单位，可以是一个词、一个字或一个标点符号。在自然语言处理过程中，文本通常会被分割成一系列的tokens，这些tokens可以被模型识别、处理和分析。

预训练： 在大规模的无标注文本数据上训练语言模型的过程。通过预训练，模型可以学习文本中的语言结构、语义关系和知识等，为后续的任务提供强大的基础。在预训练过程中，token是模型处理的基本单位。模型通过预测token来学习文本中的语言结构和语义关系。高质量的token可以提高模型的预测准确性，而tokens的数量越多，就越能为模型提供充足的训练数据和信息。

低秩注意力机制： 一种优化注意力机制的方法，旨在通过降低注意力矩阵的秩来减少计算复杂度和内存消耗，同时保持或提高模型的性能，比如使得模型能够处理更长的序列。低秩注意力机制在自然语言处理和计算机视觉等领域得到了广泛应用。

另外，分组查询注意力（GQA）和多头潜在注意力（MLA）是与低秩注意力不同的注意力机制。它们在优化Transformer模型的计算效率、内存占用和性能方面各有特点。比如GQA通过将查询头分组并每组共享键（key）和值（value）矩阵的方式，减少了内存消耗的同时保持了模型的准确性；MLA则能更高效地组合键（key）和值（value），让模型处理大型任务时不超内存限制，降低对显存的消耗。

二、训练方法优化

海量数据预训练： 使用大量语料数据进行预训练，早期模型用2万亿tokens，DeepSeek-V3模型使用了14.8万亿tokens。海量数据预训练让模型学习了丰富的语言知识，提升了语言理解和生成能力，能处理各种自然语言任务。

多令牌预测： 允许模型一次性预测多个tokens，而不是逐个预测，从而提升训练效率和推理速度。

监督微调： 在预训练的基础上，通过监督微调，模型能更好地适应特定任务和领域。用标注数据，即已经人工处理过的数据来进行微调，让模型输出符合任务要求的结果，提高了模型在具体任务上的性能。

基于人类反馈的强化学习： 根据人类对模型输出的评价和反馈，通过强化学习技术优化模型，使模型生成的内容更符合人类的期望、目标和价值观，提高模型的实用性和可靠性。它的核心目标是让模型作出符合人类预期的决策，避免产生对人类有害或不符合道德标准的行为。

模型蒸馏： 这是一种深度学习技术，旨在将复杂的大模型（通常称为"教师模型"）的知识迁移到轻量级模型（称为"学生模型"）中。也就是说，为了让大模型的能力在普通硬件上可用，采用模型蒸馏技术，用大模型生成的"教学材料"训练小模型，使小模型在参数大幅减少的情况下，性能也能接近甚至在某些场景中超越大模型。该技术降低了部署成本，提高了模型运行效率。

三、计算效率优化

FP8混合精度训练： 这是一种在深度学习训练中采用的技术，通过降低数据精度来提升计算效率、减少内存占用和降低训练成本，同时尽量保持模型的性能和准确性。也就是说，采用FP8混合精度训练能够在保证模型精度的同时，减少计算量和存储需求，提高训练效率，降低对硬件的要求，节省训练成本。

GPU部署优化： 包括跨节点通信优化等技术，提高模型在GPU集群上的训练和推理速度，充分发挥GPU性能，使模型能快速处理输入内容并生成输出内容，提升用户体验。

DualPipe算法： 随着深度学习模型参数规模的不断扩大，传统的流水线并行技术路线在处理大规模模型训练时面临着计算效率低、硬件资源浪费等问题。为了解决这些问题，DeepSeek提出了一种创新的流水线并行算法DualPipe，采用双向调度策略，大幅提升了模型训练的效率。

四、其他技术优化

思维链（CoT）： 作为一种提示工程技术，引导模型逐步解释推理过程，提高解题准确性，使模型遇到错误时能自我纠正，重新审视推理过程，提升模型在复杂问题求解上的能力。

强化学习推理： DeepSeek采用纯RL（强化学习）的训练方法，让模型通过不断试错优化解题策略，最终找到最优解，这类似人类的学习过程。该方法让模型在推理任务中不断提升性能，找到更优解决方案。

以上内容从四个方面归纳了DeepSeek的一些技术创新。这些技术也是被讨论较多的DeepSeek的核心技术，但这并不是全部，随着DeepSeek不断优化、调整和升级，这些技术也并不是一成不变的。

第五节　DeepSeek与其他大模型的比较

（一）DeepSeek与三款国外主流大模型的性能表现的对比

这里要讲的是，DeepSeek与OpenAI的ChatGPT、Google的Gemini、Anthropic的Claude大模型性能表现的对比。

DeepSeek： 采用混合专家架构，结合深度学习与强化学习技术，通过动态路由机制，对每个样本仅激活部分参数进行计算，降低计算能耗，同时提高特定任务的处理精度。

OpenAI的ChatGPT： 基于标准稠密Transformer架构，适合处理复杂的自然语言任务，但计算资源消耗较高。

Google的Gemini： 是多模态AI模型，注重多模态融合，能同时处理文本、图像和音频等多种数据类型。

Anthropic的Claude： 以"对齐性"为核心设计理念，注重模型的伦理和安全问题，减少有害内容的生成。

目前，四款主要大模型的优劣势对比见表1.5-1。

表1.5-1 四种主流大模型的性能对比

能力或特性＼模型名称	DeepSeek	OpenAI GPT-4	Google Gemini	Anthropic Claude
语言理解与生成	中文语境下的表现优于GPT-4，生成的文本更符合中文表达习惯，但对长文本的处理能力稍弱	在英文任务中表现优异，但在中文任务中偶尔出现语义偏差问题	在多模态任务中表现突出，纯文本生成方面稍逊一筹	生成内容的灵活性和创造力稍显不足
推理与逻辑	在数学和逻辑推理任务中的表现出色，超越GPT-4	推理能力强，但偶尔出现"幻觉"问题	在多模态推理任务中表现优异，纯文本推理方面稍显不足	在推理任务表现中规中矩，生成内容更加严谨
计算效率与资源消耗	计算效率高，适合资源有限的环境，训练成本和使用成本较低	模型规模大，计算资源需求高，部署成本高	参数规模大，计算资源需求高	计算效率较高，但生成速度略慢
安全性	安全性有待加强，在安全防护和内容过滤方面有待提升	生成内容安全性高	生成内容安全性高	生成内容安全性高

（二）DeepSeek与三款国外主流大模型的应用场景对比

表1.5-2 四种主流大模型的应用场景对比

应用场景＼模型名称	DeepSeek	OpenAI GPT-4	Google Gemini	Anthropic Claude
智能客服	高效、灵活，支持多种语言	部署成本高，响应速度较慢	多模态交互，纯文本方面稍逊	生成速度慢，可能影响用户体验
内容创作	生成内容多样，适合中文语境	英文内容生成质量高，但部署成本高	多模态内容生成，适合多媒体应用	生成内容安全，但灵活性不足
教育辅助	生成教育内容多样，适合中文教学	英文教育内容生成质量高	多模态教育内容生成	生成内容安全，适合法律、医疗等高安全要求场景
数据分析	高效处理数据，支持多种语言	部署成本高，响应速度较慢	适合多模态数据分析	生成速度慢，但内容可靠

（三）DeepSeek与 Grok 3、OpenAI o3 架构对比

DeepSeek-R1： 采用的是混合专家架构，通过动态选择子模型来处理输入数据，显著降低显存消耗。凭借技术优势，它在教育、医疗和金融等行业显示了强大的应用前景。

OpenAI o3： 它是OpenAI推出的新一代模型产品，采用标准Transformer架构，结合基于人类反馈的强化学习技术，优化了对话流畅性，提升了代码生成能力。在教学、客户服务、医疗辅助和商业决策等方面具有良好的应用前景。

Grok 3： 马斯克成立的AI公司xAI开发的一款大型语言模型，采用的是扩展Transformer架构，适合社交数据分析和多轮问答等，在客服、教育和科研等方面有良好的应用前景。

（四）DeepSeek与其他模型的能力的对比

尽管有很多第三方机构的排名和评测，但是DeepSeek自己最认可的是表1.5-3所示的排名结果。DeepSeek-V3模型在推理速度上较之前的模型有了大幅提升。在大模型主流榜单中，DeepSeek-V3模型在开源模型中位居前列，与世界上领先的闭源模型不分伯仲。

表1.5-3　DeepSeek-V3、DeepSeek-V2.5与其他模型的能力的对比

Benchmark (Metric)	Deep Seek-V3	Deep Seek-V2.5 0905	Qwen-2.5 72B-Inst	Llama 3.1 405B-Inst	Claude-3.5 Sonnet-1022	GPT-4o 0513
Architecture	MoE	MoE	Dense	Dense	—	—
Activated Params	37B	21B	72B	405B	—	—
Total Params	671B	236B	72B	405B	—	—

	Benchmark (Metric)	Deep Seek-V3	Deep Seek-V2.5 0905	Qwen-2.5 72B-Inst	Llama 3.1 405B-Inst	Claude-3.5 Sonnet-1022	GPT-4o 0513
English	MMLU (EM)	88.5	80.6	85.3	88.6	88.3	87.2
	MMLU-Redux (EM)	89.1	80.3	85.6	86.2	88.9	88.0
	MMLU-Pro (EM)	75.9	66.2	71.6	73.3	78.0	72.6
	DROP (3-shot F1)	91.6	87.8	76.7	88.7	88.3	83.7
	IF-Eval (Prompt Strict)	86.1	80.6	84.1	86.0	86.5	84.3
	GPQA-Diamond (Pass@1)	59.1	41.3	49.0	51.1	65.0	49.9
	Simple QA (Correct)	24.9	10.2	9.1	17.1	28.4	38.2
	FRAMES (Acc.)	73.3	65.4	69.8	70.0	72.5	80.5
	Long Bench v2 (Acc.)	48.7	35.4	39.4	36.1	41.0	48.1
Code	Human Eval-Mul(Pass@1)	82.6	77.4	77.3	77.2	81.7	80.5
	Live Code Bench (Pass@1-COT)	40.5	29.2	31.1	28.4	36.3	33.4
	Live CodeBench (Pass@1)	37.6	28.4	28.7	30.1	32.8	34.2
	Codeforces (Percentile)	51.6	35.6	24.8	25.3	20.3	23.6
	SWE Verified (Resolved)	42.0	22.6	23.8	24.5	50.8	38.8
	Aider-Edit(Acc.)	79.7	71.6	65.4	63.9	84.2	72.9
	Aider-Polyglot (Acc.)	49.6	18.2	7.6	5.8	45.3	16.0
	AIME 2024 (Pass@1)	39.2	16.7	23.3	23.3	16.0	9.3

	Benchmark (Metric)	Deep Seek-V3	Deep Seek-V2.5 0905	Qwen-2.5 72B-Inst	Llama 3.1 405B-Inst	Claude-3.5 Sonnet-1022	GPT-4o 0513
Math	MATH-500 (EM)	90.2	74.7	80.0	73.8	78.3	74.6
	CNMO 2024 (Pass@1)	43.2	10.8	15.9	6.8	13.1	10.8
Chinese	CLUEWSC (EM)	90.9	90.4	91.4	84.7	85.4	87.9
	C-Eval (EM)	86.5	79.5	86.1	61.5	76.7	76.0
	C-SimpleQA (Correct)	64.1	54.1	48.4	50.4	51.3	59.3

第二章

DeepSeek是如何工作的

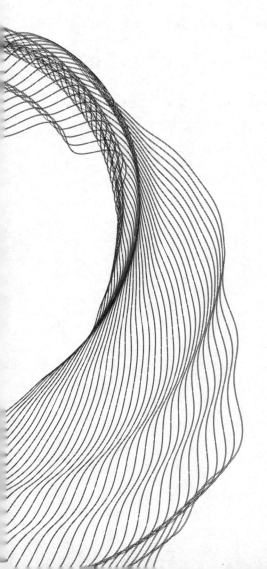

在数字时代，信息如同空气一般无处不在。而在这片浩瀚的信息海洋中，一种特殊的"巨人"——大模型——通过学习海量的数据来完成各种复杂任务。本章我们将一起探索这些大模型背后的秘密，特别是了解数据如何赋予了它们如此强大的能力。

如今，科技飞速发展，AI的身影无处不在。而在AI的"神秘王国"里，大模型可是当之无愧的"超级巨星"。什么是大模型？大模型是指那些使用大量计算资源训练的神经网络模型，它们能够处理极其复杂的任务，如语言翻译、图像识别等。这些模型之所以强大，是因为它们能够从庞大的数据集中学习到模式和规律。

第一节 大模型的秘密：数据的力量

一、数据是大模型的"粮食"

图2.1-1　AI大模型"吃数据"

你知道吗？对于大模型来说，数据就像我们每天要吃的粮食一样重要。没有足够的数据，大模型就没办法"长大"，也就不能辅助我们做那么多了不起的事情了。

想象一下,你正在学习一门新的语言,比如英语。如果你只学了一些简单的单词和句子,那么你能用英语做的事情就很有限,可能只能跟外国人打个招呼或者介绍一下自己。但是,如果你读了很多英语书,看了很多英语电影,听了大量的英语对话,那么你就能用英语做更多的事情了,比如写一篇作文、进行深入交流等。

大模型是一个超级聪明的"学习小能手",而数据就是它每天"吃"的知识大餐。数据越丰富、越多样,大模型就越能学到更多的东西,变得更加聪慧。比如,当我们想要训练一个能够识别各种动物的大模型时,就需要给它"喂"大量不同动物的图片。在这些图片里,有威风凛凛的狮子、憨态可掬的大熊猫,还有灵活敏捷的小猴子等。大模型通过对这些海量图片的学习,逐渐掌握了每种动物的特征,比如狮子有鬃毛、熊猫是黑白毛色、猴子有长长的尾巴等。这样,当它再看到一张新的动物的图片时,就能快速准确地判断出这究竟是什么动物。

有了足够的数据,大模型就能学会很多复杂的任务,比如写文章、翻译、回答问题等。

二、数据让大模型变得聪明

数据可以是文字、图片、声音,甚至视频。当你问大模型"今天的温度适合穿什么衣服"时,它能准确地回答你,这源于它学习过成千上万条关于天气的数据;当你问大模型"如何做蛋糕"时,它能立刻给你答案,这也是因为它分析过很多与蛋糕相关的数据。数据就是大模型的"食物",数据被吃得越多,大模型就越聪明。

DeepSeek之所以能和你聊天,是因为它学习了互联网上大量的资料。但是数据是从哪儿来的呢?

图书和文章： 从经典文学作品到科技论文，大模型通过"阅读"文字来学习语言和知识。

图片和视频： 大模型可以通过分析图片和视频，学会识别物体、人脸，甚至理解场景。

声音： 通过"听"大量的声音数据，大模型可以语音识别和音乐生成。

数据之所以强大，是因为它可以帮助大模型发现规律。如果你给大模型"看"很多不同颜色的人脸图片，它就能学会通过辨别肤色等识别不同的人种；如果你给大模型"听"很多英语的音频，它就能学会精准地翻译英文。总之，"吃掉"的数据越多，大模型的能力就越强。DeepSeek-V3比DeepSeek-V2更聪明，就是因为前者学习了更多的数据。

大模型"阅读"了数不清的文字内容之后，学会了词语的搭配、句子的结构以及不同语境下的语义表达。所以，当我们问它"冬至吃什么"或者让它"给我讲一个有趣的故事"时，它能根据学到的知识，给出令我们满意的答案。

三、数据的多样性很重要

数据越多样，大模型能发现的规律就越丰富，也就越聪明。一个大模型如果只学习了几篇新闻报道，就只能回答一些关于新闻的简单问题；如果学习了大量的新闻报道、学术论文、小说等各种类型的文本，那么能回答的问题也就更多、更复杂了。

所以，不仅数据的规模很重要，数据的多样性也很关键。

想象一下，如果你只吃一种食物，比如每天都只吃米饭，那么你的身体可能会缺少其他的营养。同样，如果大模型只学习一种类型的数据，比如只学习科技领域的数据，那么它在其他领域的表现可能就会很差。

为了让大模型能够更好地服务我们，我们要给它提供各种各样的数据。文本数据可以包括新闻报道、学术论文、小说、诗歌等；图像数据可以包括自然风光图、人物肖像图、动植物图等；语音数据可以包括不同人的口述、不同语言的对话等。

四、数据质量也很关键

除了规模和多样性之外，数据的质量也很重要。

如果数据里有很多错误或者噪声，那么大模型学到的东西可能就是错误的或者不准确的。就像如果你读的书里有很多错别字或者错误的知识，那么你学到的东西可能就是错误的。

在给大模型提供数据的时候，我们要尽量保证数据的质量。对于文本数据，我们要检查有没有错别字和语法错误等；对于图像数据，我们要检查图像是否清晰、是否有损坏等；对于语音数据，我们要检查语音是否清晰、是否有背景噪声等。

如果数据中有错误或偏见，大模型就会学习这些错误。比如，数据中的大部分医生倘若都是男性，大模型可能会误以为医生都是男性。

不过，要注意数据隐私问题。有些数据涉及个人隐私，比如你的聊天记录或你的私人照片。如何保护这些隐私数据，是另一个重要的问题。

五、数据是大模型持续进步的动力

随着世界的发展和变化，新的数据也会源源不断地产生。这些新的数据就像大模型的"新粮食"，能让它持续成长和进步。

比如，科技的不断发展会带来很多新的科技产品和技术，甚至是术语，相关的数据也会随之不断产生。大模型如果能够持续学习这些新的数据，就能更好地理解和回答关于这些新科技的问题。

而且，人们由于市场需求发生变化，也会对大模型提出更高的要求。为了让大模型能够满足新要求，要持续不断地给它提供新的数据，让它能够不停地成长和进步。

总之，数据对于大模型来说是非常重要的。它能让大模型变得足够聪明，并且持续进步。数据的规模、多样性和质量都很重要，只要给大模型提供足够多、足够丰富和足够好的数据，它们就能更好地服务我们。

所以，对于大模型来说，数据就是一把神奇的钥匙，开启了大模型通往智能世界的大门。在接下来的章节中，你们会逐步了解DeepSeek系列模型的奥秘，我们来一起探索这个充满惊喜的AI领域吧！

第二节 语言的力量：DeepSeek如何理解文字

一、拆解文字并理解语境

DeepSeek理解文字的过程就像我们学习一门新语言一样——从最基本的单词开始。当我们学习一个新单词时，我们会记住它的拼写、发音和意义。DeepSeek也是这样，通过大量的文本数据学习单词的拼写和含义。

但是，DeepSeek不仅学习单个单词，还学习单词之间的关系。比如，作为一类常见的宠物，"猫"和"狗"相关的词语会经常一起出现，而由于不属于同一个类别，"猫"和"汽车"就很少一起出现。通过学习这些关系，DeepSeek系列模型可以更好地理解单词之间的关系以及句子的含义。

理解文字不仅仅是知道它的意思，更重要的是理解单词在句子上下文中的含义。比如，句子"我今天很高兴"和"我今天很高兴，因为考了满分"虽然都包含"很高兴"，但第二个句子的含义更具体，因为它提供了更多的上下文信息。

DeepSeek通过学习大量的文本数据来理解不同句子中的上下文关系。它会分析单词之间的关系，从而理解整个句子的含义。比如，当DeepSeek看到"我今天很高兴，因为考了满分"时，它会知道"很高兴"是因为"考了满分"。

总之，大模型在理解文本信息的时候，会从单词到句子对文本进行拆解，并努力理解语境，从上下文关系中理解单词或句子。

二、捕捉深层含义：隐含信息的理解

有时候，句子有隐含信息。这些信息并不是直接表达出来的，但通过上下文可以推断出来。DeepSeek通过学习大量的文本数据，从而捕捉语言的复杂结构，推断出隐含在文本中的信息。比如，DeepSeek知道"他今天看起来很累"时，可能会推断出"他昨天可能没有睡好"。

DeepSeek推断隐含信息的能力在很大程度上取决于训练数据的规模、多样性和质量，以及模型架构的设计和优化。由于技术的不断

进步、训练数据的不断增加，DeepSeek对隐含信息的推断能力将持续提升。然而，也要注意：大模型可能存在偏见或误解，因此在实际应用中，要谨慎评估和使用。

三、注意力机制：聚焦重要信息

在理解文字时，DeepSeek会使用一种叫作"注意力机制"的技术。这种技术可以让DeepSeek在处理文本时，自动分配注意力给文本中的某些部分。比如，在阅读一篇新闻报道时，DeepSeek会注意标题、关键事件和人物等方面的信息，因为这些信息对于理解新闻的核心内容至关重要。

注意力机制让DeepSeek能够更高效地处理大量信息，更好地理解文本的关键要点。DeepSeek在注意力机制方面进行了创新，采用了多头潜在注意力机制，实现了低算力、高性能的目标，为AI领域的发展带来了新的思路。

比如，当你说"这部小说非常棒，角色很有魅力，故事也吸引人"的时候，多头潜在注意力机制会使用多个注意力头，每个注意力头关注文本中不同位置和不同语义层面的信息。通过加权求和等方式，模型将多个结果进行融合，得到最终输出的内容。比如，模型会针对这句话，输出"正面"情感倾向的内容，因为它认为文本中包含了积极的评价词汇。

四、持续学习：不断优化理解能力

DeepSeek的理解能力并不是一成不变的。DeepSeek会通过不断学习新的数据来提升自己的理解能力。比如，DeepSeek学习了更多的文本数据后，会更好地理解一些复杂的句子和隐含的信息。

DeepSeek的持续学习能力让它能够适应不同的文本类型和语言风格，更好地服务我们。比如，当用户输入一段复杂的文本时，DeepSeek会通过持续学习来更好地理解这段文本，从而提供更准确的回答。

五、实践应用：DeepSeek在语言理解方面的实际应用

DeepSeek的语言理解能力在很多实际应用中都发挥了重要作用。在智能客服系统中，DeepSeek可以理解用户的问题，并提供准确的答案；在文本生成方面，DeepSeek可以根据用户的需求生成高质量的文本内容。

通过这些实际应用，DeepSeek不仅展示了强大的语言理解能力，也为用户提供了很多便利。用户可以通过DeepSeek快速获得问题的答案、生成高质量的文本内容，从而提高学习和工作的效率。

总之，DeepSeek通过拆解文字、理解语境、捕捉深层含义、使用注意力机制和持续学习等方式，能够很好地理解文字的含义。这些能力让DeepSeek在语言理解方面表现出色，为用户提供了很多便利。

当你通过智能客服系统的界面输入一个问题：我最近购买的智能手机出现了电池续航时间短的问题，怎么办？

DeepSeek在接到你的问题后，首先进行文本预处理，接着利用Transformer架构中的自注意力机制对输入文本进行深度语义理解，通过并行高效地捕捉文本中各个位置之间的语义关联，理解用户问题的核心意图和关键信息。根据预先训练的语言模型和知识库，生成符合语境和用户需求的回复，回复的内容可能包括原因分析、解决方案、

操作步骤等。

针对上面的问题，可能的回答："您好，针对您提到的电池续航时间短的问题，可能因为电池老化或后台应用程序过多导致耗电过快。建议您尝试更换电池或关闭不必要的后台应用程序。如果以上措施不能解决该问题，那么请联系我们的售后服务中心并进行电池检测。"

第三节　思考与回答：DeepSeek的"大脑"

前面我们了解了数据的力量和语言的力量，那么DeepSeek这个神奇的语言模型的"大脑"是如何工作的呢？

一、DeepSeek的"大脑"是什么？

简单来说，DeepSeek的"大脑"就是它里面的一套非常复杂的人工神经网络。人工神经网络是模仿大脑工作方式的计算模型，由许多相互连接的节点（或称为"人工神经元"）组成，能够处理和传递信息。这个"大脑"能使许多软件和硬件协同工作，处理信息、作出决策。这个"大脑"的高效运转，需要强大的软硬件支持。

硬件部分：就像是DeepSeek的身体骨架，包括高性能的计算机处理器（CPU和GPU）、大量的内存和存储空间。这些都是让DeepSeek能够快速思考和存储大量知识的基础。

软件部分：就像是DeepSeek的灵魂，里面装载了各种算法的代码。这些算法就像是我们学习新知识的方法，让DeepSeek能够从海量的数据中进行学习、理解和预测。

二、DeepSeek的"大脑"是怎么工作的？

当我们向DeepSeek提问或者请求帮助时，它的"大脑"就开始忙碌起来了。

接收信息：DeepSeek会通过它的"耳朵"（比如麦克风和网络）"听"到或接收到我们的问题。

理解问题：它的"大脑"会开始分析问题，尝试理解我们到底想知道什么。这一步就像我们在读题目时，思考老师到底想问我们什么。

输入信息的处理：当DeepSeek接收到一个问题时，会先对输入的信息进行解析。比如你问："太阳为什么是热的？"DeepSeek会识别出这是关于天文学的问题，并提取关键词"太阳""热"等。

搜索与匹配：接下来，DeepSeek会在其庞大的知识库中寻找相关信息。这个知识库包含了从各种来源获取的数据，如图书、网站、论文等。DeepSeek会在它存储的知识库或者互联网上寻找与问题相关的信息。这就像我们在图书馆里查找资料，或者在网上搜索答案。

思考与推理：找到相关信息后，DeepSeek会运用逻辑推理能力来分析这些信息，并试图给出一个合理的答案。例如，它可能会联想到核聚变反应是太阳产生热量的原因。找到信息后，DeepSeek的"大脑"会开始思考和分析，尝试找出最合适的答案。这一步可能会用到一些高级的算法，比如逻辑推理、模式识别等方面的。

给出答案的机制：一旦确定了答案，DeepSeek还要将其转化为易于理解的语言形式。这就涉及自然语言生成技术，该技术允许计算机根据已有的信息自动生成流畅的句子或段落。DeepSeek会通过"嘴巴"（比如扬声器和显示屏）告诉我们答案。有时候，它还会给出一些额外的解释或者建议，帮助我们理解问题。

此外，模型还会提供一些个性化服务，比如，为了使回答更加贴近用户的需求，DeepSeek会考虑用户的背景信息和个人偏好。这样，即使是相同的问题，不同的用户也可能得到略有差异的回答。

三、DeepSeek的思考过程

DeepSeek的思考过程就像我们人类在解决问题时的思考过程一样，它会尝试不同的方法，不断试错，最终找到最优的解决方案。这个过程主要通过强化学习技术来实现。

策略优化（Policy Optimization）：在强化学习中，DeepSeek会自己生成多个答案，并计算每个答案的得分。通过奖励机制（Reward Function），DeepSeek会知道哪种推理方式更有效，从而不断调整策略，学习到更好的推理方式。

奖励建模（Reward Modeling）：DeepSeek会根据答案的准确性和逻辑性给予奖励。如果答案正确，会得到更高的分数；如果推理过程逻辑清晰，也会得到奖励。这样，DeepSeek会逐渐学会如何生成高质量的答案。

自我进化（Self Evolution）：通过强化学习，DeepSeek会逐步学会一些高阶推理能力，比如自我验证能力、反思能力和生成更长的推理链的能力。这些能力让DeepSeek在处理复杂任务时更高效、准确。

冷启动数据（Cold Start Data）：为了提高推理能力，DeepSeek会使用一些冷启动数据进行初步微调。这些数据可以引导DeepSeek产生更好的推理能力，提升答案的可读性和准确性。

强化学习与冷启动数据的结合：这让DeepSeek既能学到基本的

推理规则,又能不断优化推理策略。这样,DeepSeek就能够生成更加准确和有逻辑的答案。

四、DeepSeek的"大脑"有多聪明?

DeepSeek的"大脑"非常聪明,但它并不是无所不知的。它的智慧来自我们人类给予的训练数据和设计的算法。就像我们学习需要时间和努力一样,DeepSeek也需要不断学习和更新它的知识库,这样才能变得更加聪明。

DeepSeek的神经元像是一个个小型信息处理器。这些神经元被组织成不同的层,包括输入层、隐藏层和输出层。信息从输入层流入,经过隐藏层的处理,最后在输出层给出结果。权重决定了信息传递的强度。激活函数则决定了神经元是否应该被激活,即是否传递信息。神经网络通过一个叫作"训练"的过程来学习。在训练过程中,神经网络会不断调整权重,使得输出的结果越来越接近正确答案。

DeepSeek的"大脑"还有一个很特别的地方,那就是它能够自我学习和改进。这意味着,随着时间的推移,DeepSeek会变得越来越聪明,能够更好地满足我们的需求。

第四节 学习与成长:DeepSeek是如何学习的?

一、DeepSeek的学习方式

DeepSeek的学习方式和我们人类学习新知识的方式有些相似,但它有自己的独特之处。

下面是它的学习方式,有些术语我们在前面多次提到过。DeepSeek

通过强化学习来提升自己的推理能力。强化学习就像训练一个孩子解答数学题，不是直接告诉他答案，而是让他自己尝试解题，并根据最终的正确率进行调整。在DeepSeek-R1-Zero的训练过程中，研究人员直接使用强化学习，而没有先用人工标注数据进行监督微调（SFT）。整个强化学习过程包括策略优化、奖励建模和自我进化等部分，让DeepSeek能够主动探索、试错、优化自己的推理方式。

冷启动数据（Cold Start Data）：DeepSeek-R1模型使用了数千条冷启动数据来进行初步监督微调（SFT），然后再进行强化学习训练。

混合专家架构（Mixture of Experts, MoE）：这种架构让DeepSeek-V3能够更高效地处理各种任务，减少计算冗余，例如，在处理128K长文本时，推理延迟降低42%。

多头潜在注意力（Multi-head Latent Attention, MLA）：MLA机制通过压缩Key-Value矩阵为低秩潜在向量，将内存占用减少至传统Transformer的四分之一，同时保留多头注意力的优势。这一技术在处理长文档和复杂语义关联时表现突出，如法律文本摘要或长篇小说翻译。

训练策略优化（Training Strategy Optimization）：DeepSeek采用多种训练策略优化技术，包括主动学习与迁移学习、FP8混合精度训练和多token预测（MTP）。这些技术让DeepSeek能够高效进行学习和推理。

知识蒸馏（Knowledge Distillation）：DeepSeek采用知识蒸馏技术，将复杂的教师模型的知识传递给简单的学生模型，让学生模型在保持一定性能的同时具有更小的规模和更高的效率。这种技术可以解决模型部署时计算资源受限、推理速度慢的问题，还能提升小模型在复杂任务上的性能。

二、DeepSeek的学习过程

DeepSeek的学习过程可以分为以下几个阶段。

预训练：DeepSeek通过大量的无监督学习任务来学习语言的基本规律和结构。这个阶段让DeepSeek能够学习丰富的语言知识和上下文信息。

长上下文扩展：在预训练的基础上，DeepSeek通过处理更长的输入序列来学习更复杂的上下文信息。这个阶段让DeepSeek能够更好地理解长文档和进行复杂语义关联。

后训练：在长上下文扩展的基础上，DeepSeek通过监督学习和强化学习等任务来进一步优化性能。这个阶段让DeepSeek能够更好地适应特定任务和领域。

三、DeepSeek的学习成果

通过以上学习方式和过程，DeepSeek取得了很多成果。

推理能力提升：DeepSeek在多个推理任务上的表现都得到了显著提升。例如，在AIME 2024数学竞赛任务中，DeepSeek-R1-Zero模型第一次生成答案的正确率从15.6%提升到了71.0%。

语言表达更加流畅：DeepSeek-R1模型的语言表达更加流畅，不会出现大段重复或混杂的内容。其推理链条更完整、更清晰，避免了无意义的循环。

训练速度大幅提升：DeepSeek能够更快学会高质量的推理步骤，训练速度大幅提升。

泛化能力强：DeepSeek在多种任务上都表现出色，泛化能力强，训练成本低，推理速度快。泛化能力是指模型在未见过的数据（测试集）上保持高性能的能力。

DeepSeek的学习能力不仅在当前的应用中表现出色，未来也有很大的发展潜力。随着技术的不断进步，DeepSeek将在更多领域发挥重要作用，帮助人们解决更多、更复杂的问题。

总之，DeepSeek通过强化学习、冷启动数据、混合专家架构、多头潜在注意力机制、训练策略优化和知识蒸馏等多种方式，不断提升自己的学习和推理能力。这些能力不仅让DeepSeek在当前的应用中表现出色，未来还将有更大的发展潜力。

第五节 模型的魔法：算法和计算

一、FlashMLA：语言解析加速器

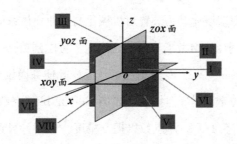

图2.5-1 从三维空间的坐标系来理解向量的概念

生成式AI的输入一般是用人类的自然语言。在Transformer模型中，将自然语言进行编码与分析的机制就是所谓的Attention（注意力）机制。先将每个词编码为512个数字组成的"向量"，再使用Q、K、V三

个矩阵对词汇进行关联分析。随着输入长度的增加，总的计算量会以平方律上升，同时还需要消耗宝贵的GPU资源，用于保存整句话中每个词的K（键）和V（值）矩阵。

FlashMLA针对这一问题的解决思路是，设法把K和V两个矩阵压缩，例如将矩阵中过于小的数以及一部分为0的数去掉，来节约内存，减少计算工作量。FlashMLA还针对英伟达的H800 GPU进行了优化，考虑到H800卡间通信带宽限制，减少了读写其他卡上数据的需求，避免了卡间通信带宽限制计算性能。

二、DeepGEMM：跨时代的AI基石

几乎所有的AI计算都离不开矩阵乘法。由于矩阵乘法可以分解为多组没有相互依赖关系的重复计算，工程师们优化了GEMM（General Matrix Multiply，通用矩阵相乘）算子，而英伟达也在cuBLAS和NVBLAS这两种数学库中，基于自身的GPU实现了这一算子的并行运算。可以认为，GEMM是包括Transformer模型在内的所有AI算法的基石，其重要程度堪比动力装置对机械化与工业化体系的意义。

DeepSeek对GEMM做了革命性的优化。考虑到英伟达Hopper系列GPU内部的Tensor Core（专为实现矩阵运算等任务而设计的电路）可以支持8 bit浮点数计算，但精度不如16 bit和32 bit浮点数。DeepGEMM将中间过程暂存为32 bit浮点数以提升精度，同时计算速度与8 bit相差无几。

三、DeepEP：邃密群科的破壁者

在多轮次的仿真计算中，一项重要的任务就是将大家计算的结

果收集汇总,作为下一轮计算的输入。在AI模型的训练算法中,这一任务被称为"All-Reduce"。在DeepSeek开源DeepEP(一款专为混合专家和专家并行设计的高性能通信库)之前,这一任务要依赖英伟达开发的NCCL(Nvidia Collective Communications Library,英伟达集合通信库)。

DeepEP实际上是对传统的AllReduce作了深度的定制和优化。由于DeepSeek手头的GPU是通信带宽受限的H800,因此,DeepEP设法限制了对卡间通信资源的消耗量,让部分GPU作为中继节点,进行合并处理后再把合并后的计算结果传输到其他GPU,以避免不必要的通信消耗。考虑到GPU在执行方程求解的任务时,如果切换到AllReduce任务,要重新将指令和数据加载到缓存。于是DeepEP增加了一项机制,让GPU内的一些处理核心(Streaming Multiprocessor)专门处理这项任务,并动态调整承担AllReduce任务的核心数量。

"邃密群科的破壁者"有深厚的文化内涵和象征意义。DeepSeek的科研团队通过不懈的努力和探索,终于用DeepEP打破了传统的束缚和限制,开辟了新的道路,推动了人类文明的进步。

四、3FS:高性能分布式文件系统

计算、网络和存储是构成计算机系统的三大基础支柱。3FS(Fire-Flyer File System,一个高性能分布式文件系统)的开源,补上了DeepSeek所使用的大型分布式系统的最后一块拼图。

生成式AI的核心是海量的矩阵运算。在运算过程中要经常保存草稿(也就是"checkpoint")。数千块GPU卡并行保存checkpoint数据的时候,对存储子系统的性能带来了严峻的考验。因此,业界出现了所谓

的"并行高性能文件系统",利用多台服务器分担存储数据的任务,也就是分布式存储。

分布式系统要解决的最重要问题之一,就是让系统关键性能可以随服务器数量的增长而接近正比例增长,特别是要避免多个并行任务阻塞在单点的时候。为了保证关键数据不丢失,要保证一份数据能够写入多份冗余的存储介质,且数据内容保持一致。

3FS为AI场景设计了高性能存储解决方案,解决了AI训练与推理中的数据访问难题,提供了高性能,具有强一致性和易用性,还推动了AI基础设施的创新与发展,是AI领域不可或缺的重要工具。

五、DualPipe:驱动工业革命的效率大师

DualPipe(一种创新的双向流水线并行算法)通过双向数据流架构与对称微批次调度,将传统单向流水线的线性依赖转化为网状交互的方式。传统的管道并行架构,就像一条单行道,计算阶段和通信阶段只能轮流上场,中间总有空隙(也就是流水线气泡)。

DualPipe借鉴了福特生产流水线的改进思路,在训练这些专家模型时,尽量减少流水线各个环节的等待时间(所谓的"流水线气泡")。它的思路是让两个任务进行交叉排布。当下一个计算任务在等待通信任务结束的时候,让计算机先执行其他的任务。具体而言,就是把训练过程中求解方程的环节(所谓的"前向计算")和验算反馈的环节(所谓的"后向计算")共用一条流水线。这样,求解方程环节的计算任务在等待通信任务完成期间,可以让GPU执行对反馈环节的相关计算,反之亦然。

具体来说,假设我们有一个8层的深度学习模型,需要用8个GPU

设备来训练。在DualPipe的调度下，每个设备都能同时处理两个不同层的任务。比如，第一个设备（设备0）会同时负责第0层和第7层的计算，而最后一个设备（设备7）则同时处理第7层和第0层的任务。这种对称的设计让数据在设备之间流动时，就像存在互为镜像、完美配合的舞队一样，既优雅又高效。

DualPipe已经被应用在DeepSeek-V3模型的训练中，根据V3模型的技术报告，在DeepSeek-V3模型的训练中，整个预训练过程仅消耗了278.8万个H800 GPU小时，成本约557.6万美元。这一成本远低于同参数规模模型的预期，部分要归功于DualPipe的高效性。

DeepSeek在AI大模型训练与推理算法的工程化工作中，引入DualPipe对业界的贡献，可以类比为泰勒管理制度和福特生产流水线对工业生产的贡献，实现了进一步解放生产力和发展生产力。

总之，DeepSeek通过这些算法和计算优化技术，让模型的训练和推理变得更加高效和经济。这些技术不仅在当前的应用中表现出色，未来还将有更大的发展潜力。

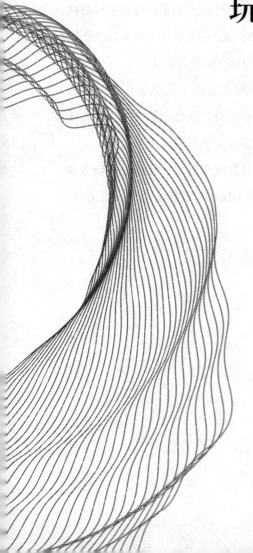

第三章

用好提示语，玩转DeepSeek

打开浏览器,输入网址https://www.deepseek.com/,就进入了DeepSeek的官方网站,如图3-1所示。

图3-1　DeepSeek的官方网站

点击图3-1中间的深色字体"开始对话",或者直接从浏览器输入网址https://chat.deepseek.com/后敲击回车,即可进入DeepSeek的常规使用页面,如图3-2所示。

图3-2　DeepSeek的常规使用界面

在DeepSeek的常规使用界面的对话框中输入提示语,然后点击对话框右下角的向上箭头的图标进行提交,DeepSeek就会思考并且给出答案。

第一节　四大能力:DeepSeek可以做什么?

表3.1-1　DeepSeek的能力图谱

能力类别	具体能力
自然语言处理	文本分类、实体识别、情感分析、关系抽取、语言理解、多语言翻译、文本生成与创作
数据分析与可视化	数据分析、趋势分析、数据可视化、风险评估、异常检测
知识处理与推理	知识推理、知识整合、知识图谱构建、概念关联、因果推理、逻辑推理
交互与对话	对话能力、多轮对话、情感回应、指令理解、任务协调、工具调用
创作与生成	文案写作、诗歌创作、故事创作、代码注释、专业领域问答
决策支持	辅助决策、决策支持、方案规划、建议生成、个性化推荐
多模态处理	图像理解、多媒体交互、跨模型转换
任务执行与优化	任务分解、流程优化、任务执行
其他能力	文体转换、格式转换、多源信息融合、通用问答、问答系统

直接面向使用者或者支持开发者,可开启联网搜索与深度思考模式,同时支持文件上传,能够读取多种格式的文件及图片中的文字内容,具有文本生成、自然语言理解与分析、辅助编程、常规绘图等四大能力。

一、文本生成

文本生成是DeepSeek最主要的能力。DeepSeek能够快速生成高质量的文本内容,包括故事、诗歌、营销文案、社交媒体内容、剧本和对话等。它可以根据用户的需求和提供的信息,自动生成符合要求的文本,大大提高了用户的创作效率。一个生动有趣的故事、一段吸引人的广告词,DeepSeek都能轻松应对,为你提供满意的文本创作服务。

一般而言,DeepSeek的文本生成能力的应用场景主要有三方面。

文本创作: 文章、故事、诗歌写作,营销文案的生成,社交媒体内容(如推文、帖子)的生成,剧本和对话的创意策划。

摘要与改写: 长文本摘要(论文、报告),文本简化(降低复杂度),多语言翻译与本地化。

结构化生成: 表格、列表(如日程安排、菜谱)的生成,代码的注释和技术文档的撰写。

二、自然语言理解与分析

DeepSeek能够对文本进行深入的理解和分析,包括语义解析、情感分析、意图识别和命名实体识别等。它能够理解文本的含义、情感倾向、用户意图以及文本中关键的命名实体,从而为后续的处理和应用提供基础。DeepSeek在客服对话中,可以准确识别用户的意图,快速给出合适的回答;在情感分析中,能够判断文本中的情感倾向,帮助企业了解客户的真实感受。这种强大的自然语言理解与分析能力,使得DeepSeek在众多领域都有广泛的应用,除了前面提到的之外,还有舆情分析等。

(一)语义分析

语义分析即语义解析,是对文本进行语义解析,以便理解文本的含义和结构。

情感分析: 分析文本中的情感倾向,适用于评论和反馈等场景。

意图识别: 识别用户的意图,适用于客服对话和用户查询等场景。

实体提取: 适用于从文本中识别并提取出人名、地点、事件等实体信息。

(二) 文本分类

文本分类即对文本进行分类,将其归入不同的类别。

主题标签生成: 生成文本的主题标签,适用于新闻分类等场景。

垃圾内容检测: 检测文本是否为垃圾内容,如垃圾邮件等。

(三) 知识推理

知识推理即基于已有的知识进行推理,生成新的知识。

逻辑问题解答: 适用于数学和常识推理等场景。

因果分析: 分析事件之间的因果关系,适用于用户行为分析、政策影响评估等场景。

三、辅助编程

表3.1-2　DeepSeek的辅助编程能力

辅助编程能力细分	概述
代码生成	根据需求生成Python、Java等编程语言的代码片段
代码生成	自动补全与生成注释
代码调试	分析错误与提供修复建议
代码调试	代码性能优化提示
技术文档处理	API文档生成
技术文档处理	代码库解释与示例生成

DeepSeek能够快速生成高质量的代码，支持多种编程语言，如Python、Java、C++等。它可以根据用户的需求和提供的信息，自动生成符合要求的代码片段，大大提高了编程效率。例如，用户可以向DeepSeek提供一个简单的代码框架或描述一个功能需求，DeepSeek会根据这些信息生成相应的代码。此外，DeepSeek还可以进行代码补全和优化，帮助开发者更快地完成项目。

无论你是初学者还是经验丰富的开发者，DeepSeek的辅助编程能力都能为你提供巨大的帮助。

四、常规绘图

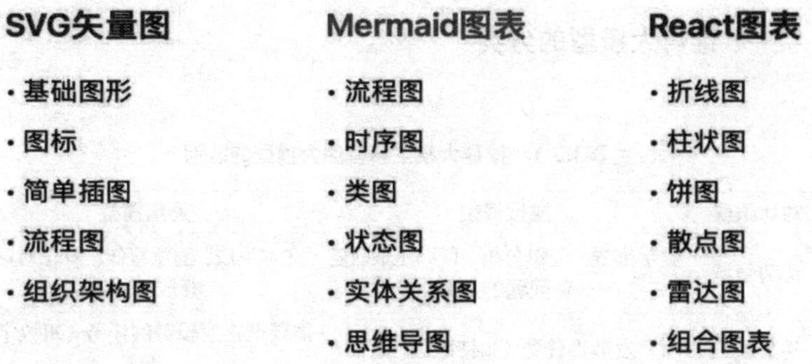

SVG矢量图
- 基础图形
- 图标
- 简单插图
- 流程图
- 组织架构图

Mermaid图表
- 流程图
- 时序图
- 类图
- 状态图
- 实体关系图
- 思维导图

React图表
- 折线图
- 柱状图
- 饼图
- 散点图
- 雷达图
- 组合图表

图3.1-3 DeepSeek能绘制的图表

DeepSeek能够生成多种类型的图表，包括折线图、柱状图、饼图、散点图、雷达图、组合图表等。它还可以生成流程图、时序图、类图、状态图、实体关系图和思维导图等。这些图表可以用于展示数据、分析趋势、表示流程和结构等，满足不同场景下的信息可视化需求。

DeepSeek生成的图表代码，可以置入支持代码渲染的绘图工具，如Draw.io、Mermaid Live Editor等，快速生成对应的可视化图表。例如，你可以使用DeepSeek生成一个电商系统订单处理流程图的PlantUML代码，然后在Draw.io中打开并渲染这个代码，生成流程图。

此外，DeepSeek还可以用于生成SVG矢量图，包括基础图形和图标、简单插图、流程图和组织架构图等。这些矢量图可以用于设计网页、制作演示文稿和编写文档等场景。

总的来说，DeepSeek的常规绘图能力为用户提供了一种高效、灵活的方式来创建各种类型的图表和图形。

第二节　三大原则：使用DeepSeek的关键原则

一、懂得大模型的分类

表3.2-1　推理大模型和普通大模型的区别

对比维度	推理模型	通用模型
优势领域	数学推导、逻辑分析、代码生成、复杂问题的拆解	文本生成、创意写作、多轮对话、开放性问答
劣势领域	发散性任务（如诗歌创作）	需要严格逻辑链的任务（如数学证明）
任务本质	专精于对推理能力要求高的任务	擅长多样性高的任务
强弱判断	并非全面的性能提升，仅在其训练目标领域显著优于通用模型	通用场景更灵活，但专项任务需依赖提示语补偿能力

大模型从推理的角度通常可以分为两类，推理大模型和普通大模型（通用大模型或非推理大模型）。

推理大模型： 指能够在传统的大语言模型基础上，强化推理、逻辑分析和决策能力的模型。它们通常具备额外的技术，比如强化学习、神经符号推理、元学习等,来增强其推理和问题解决能力。例如,DeepSeek-R1、OpenAI-O3在逻辑推理、数学推理和实时问题解决方面表现突出。

非推理大模型: 适用于大多数任务,一般侧重于自然语言处理,而不强调深度推理能力。此类模型通常通过接受大量文本数据的训练,掌握语言规律并能够生成合适的内容,但缺乏像推理模型那样复杂的推理和决策能力。例如,GPT-3、GPT-4(OpenAI)和BERT(Google)主要用于语言生成、语言理解等任务。

表3.2-2 快速反应模型和链式推理模型

对比维度 模型类型	快速反应模型,如GPT-4o	链式推理模型,如OpenAI-o1
性能表现	响应速度快,算力成本低	慢思考,算力成本高
运算原理	基于概率预测,通过大量数据训练来快速预测并生成答案	基于思维链(Chain-of-Thought),逐步推理问题的每个步骤来得到答案
决策能力	依赖预设算法和规则进行决策	能够自主分析情况,实时作出决策
创造力	限于模式识别和优化,缺乏真正的创新能力	能够生成新的创意和解决方案,具备创新能力
人机互动能力	按照预设脚本进行响应,较难理解人类情感和意图	更自然地与人互动,理解复杂情感和意图
问题解决能力	擅长解决结构化和定义明确的问题	能够处理多维和非结构化问题,提供有创造性的解决方案
伦理问题	作为受控工具,几乎不涉及伦理问题	引发对自主性等伦理问题的讨论

根据是否具备思维链(CoT),大模型可分为两类——概率预测("快速反应")模型和"链式推理(慢思考)"模型。前者能快速反馈,适合处理即时任务;后者能通过推理解决复杂问题。了解它们的差异有助于根据任务需求选择合适的模型,实现最佳效果。

二、针对不同模型使用不同的提示语

推理模型的提示语往往更简洁，只要明确任务目标和需求（因其已内化推理逻辑）。推理模型不必逐步指导，能自动生成结构化推理过程（若强行拆解步骤，反而可能限制其能力）。用户要聚焦目标，信任其内化能力——"要什么直接说"。

通用模型，需要显式引导推理步骤（如通过思维链的提示），否则可能跳过关键逻辑。通用模型依赖提示语（如要求分步思考、提供示例）补偿能力上的短板。结构化、补偿性引导，即"缺什么补什么"。

读者不仅会接触推理模型（这类模型对提示语的要求并不高），还要全面掌握大模型的使用技巧、懂得更多背后的专业知识，所以后面会针对提示语的相关知识进行专门讲解。

第三节 掌握提示语设计：AIGC时代的必备技能

一、基础概念和资料

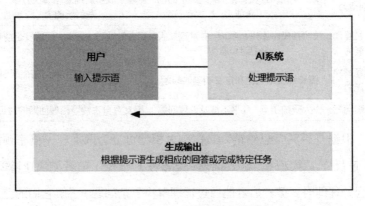

图3.3-1 用户与大模型互动的过程

提示语（Prompt）是用户输入给AI系统的指令或信息，用于引导AI生成特定的输出或执行特定的任务。简单来说，提示语就是我们与AI"对话"时所使用的语言，它可以是一个简单的问题、一段详细的指令，也可以是对复杂任务的一段描述。

提示语包括指令、上下文和期望。

指令（Instruction）：这是提示语的核心，明确表达希望AI执行的任务。

上下文（Context）：为AI提供背景信息，帮助它更准确地理解和执行任务。

期望（Expectation）：明确或隐含地表达你对AI的输出要求和预期。

二、向AI表达需求

表3.3-2　任务需求与提示语策略

步骤	特点	需求表达公式	推理模型适配策略	通用模型适配策略
决策需求	须权衡选项、评估风险、选择最优解	目标＋选项＋评估标准	要求逻辑推演和量化分析	直接建议，依赖模型经验归纳
分析需求	须深度理解数据/信息、发现模式或因果关系	问题＋数据/信息＋分析方法	触发因果链推导与假设验证	表层总结或分类
创造性需求	须生成新颖内容（文本/设计/方案）	主题＋风格/约束＋创新方向	结合逻辑框架生成结构化创意	自由发散，依赖示例引导
验证需求	须检查逻辑自洽性、数据可靠性或方案可行性	结论/方案＋验证方法＋风险点	自主设计验证路径并排查矛盾	简单确认，缺乏深度推演
执行需求	须完成具体操作（代码/计算/流程）	任务＋步骤约束＋输出格式	自主优化步骤，兼顾效率与正确性	严格按指令执行，无自主优化

向AI表达任务需求时，按照表3.3-2制定提示语策略。不同类型的需求，比如决策需求、分析需求、创造性需求、验证需求、执行需求，采用不同策略。

决策需求： 权衡选项、评估风险、选择最优解，可表达为"目标+选项+评估标准"，推理模型适配逻辑推演和量化分析等需求，通用模型适配直接建议并依赖模型经验进行归纳的需求。

分析需求： 侧重于深度理解数据/信息、发现模式或因果关系，可表达为"问题+数据/信息+分析方法"，推理模型的适配策略是触发因果链推导与验证假设，通用模型的适配策略则进行表层的总结或分类。

创造性需求： 生成新颖内容（文本/设计/方案），可表达为"主题+风格/约束+创新方向"。推理模型适配策略是结合逻辑框架生成结构化创意，通用模型的适配策略则自由发散并依赖示例的引导。

验证需求： 检查逻辑自洽性、数据可靠性或方案可行性，可表达为"结论/方案+验证方法+风险点"，推理模型的适配策略是自主设计验证路径并排查矛盾，通用模型的适配策略则简单确认而缺乏深度推演。

执行需求： 完成具体操作（代码/计算/流程），可表达为"任务+步骤约束+输出格式"，推理模型的适配策略是自主优化步骤且兼顾效率与准确性，通用模型的适配策略则严格按指令执行且无自主优化。

通过这些策略，可更有效地向AI表达需求，获得更符合预期的响应。

三、从下达指令到表达需求

面对推理模型,你要大胆地说出你的需求,需求越明确越好。导向明确的需求将会激发模型的深层推理能力,当然,也要对需求的边界进行清晰定义,需求越明确、越清晰则越好。

表3.3-3 从下达指令到表达需求

步骤维度	定义与目标	适用场景	示例(推理模型适用)	优势与风险
指令驱动	直接给出明确步骤或格式要求	简单任务,快速执行	用Python语言编写快速排序相关代码,输出须包含注释	结果准确,限制了模型自主优化空间
需求导向	描述问题背景与目标,由模型规划解决路径	复杂问题,模型自主推理	我需要优化用户的登录流程,请分析当前瓶颈并提出3种方案	激发模型的深层推理能力,清晰定义需求边界
混合模式	结合需求描述与关键约束条件	平衡灵活性与可控性	设计一个杭州三日游计划,要求游览的景点包含西湖和灵隐寺,且预算控制在2000元内	兼顾目标与细节,避免过度约束
启发式提问	通过提问引导模型主动思考	探索性问题,模型解释逻辑	为什么选择梯度下降法解决此优化问题?请对比其他算法	触发模型自解释能力,可能偏离核心目标

表3.3-3中有一个推理模型适用的示例:"设计一个杭州三日游计划,要求游览的景点包含西湖和灵隐寺,且预算控制在2000元内。"限于篇幅和格式,我们将这个需求修改为"设计一个杭州两日游计划,要求游览的景点包含西湖和灵隐寺,且预算控制在2000元内"。我们使用DeepSeek的推理模型将会获得如下内容。

DeepSeek实训：杭州两日游计划	
预算：2000元（含交通、住宿、餐饮、门票）。 重点景点：西湖、灵隐寺。 适合人群：学生、年轻人、家庭出游。 交通方式：公共交通为主，步行+共享单车为辅。	
第一天：西湖经典游	第二天：灵隐寺与茶园文化
主题：环湖漫步，感受西湖十景。 上午 1.断桥残雪 西湖十景之一，白娘子和许仙传说发生地。 活动：拍照、漫步。 费用：免费。 2.白堤 从断桥步行至白堤，欣赏湖光山色。 活动：骑行或步行。 费用：免费 中午 午餐：楼外楼（西湖醋鱼、东坡肉）。 推荐菜：西湖醋鱼、龙井虾仁。 预算：人均80元。 下午 3.苏堤春晓 西湖十景之一，适合骑行或漫步。 活动：租共享单车骑行（1小时约2元）。 4.花港观鱼 西湖十景之一，观赏锦鲤和园林景观。 活动：拍照、喂鱼。 费用：免费。 5.雷峰塔 登塔俯瞰西湖全景。 门票：40元。 晚上 晚餐：河坊街小吃。 推荐小吃：葱包烩、定胜糕、猫耳朵。 预算：人均30元。 夜游西湖 乘船欣赏西湖夜景。 费用：50元。	主题：佛教文化与茶文化体验。 上午 1.灵隐寺 杭州最著名的佛教寺庙，感受千年古刹的宁静。 活动：参观寺庙、祈福。 门票：灵隐寺30元。 2.飞来峰 参观灵隐寺外的石刻造像群，历史悠久。 活动：拍照、登山。 费用：飞来峰45元。 中午 午餐：灵隐寺素斋。 推荐菜：素鸡、素面。 预算：人均30元。 下午 3.龙井村 参观茶园，体验采茶、品茶。 活动：与茶农互动，品尝龙井茶。 费用：免费（品茶约20元/人）。 4.九溪十八涧 从龙井村步行，经九溪十八涧至九溪烟树，感受自然风光。 活动：徒步、拍照。 费用：免费。 晚上 晚餐：绿茶餐厅（龙井路店） 推荐菜：绿茶烤肉、面包诱惑。 预算：人均60元。
第一天总费用：约200元。	第二天总费用：约200元。

> **DeepSeek实训：杭州两日游计划**
>
> 预算总结
> 项目及费用
> 交通：100元（公交+共享单车）。
> 住宿：300元／晚×1晚＝300元。
> 餐饮：200元／天×2天＝400元。
> 门票：165元（雷峰塔+灵隐寺+飞来峰+运河游船）。
> 其他：100元（纪念品+小吃）。
> 总计：1065元。
> 剩余预算：935元（可用于额外购物或升级体验）。
>
> 小贴士
> 1.住宿推荐：选择西湖周边的经济型酒店或民宿，价格为150—200元／晚。
> 2.交通建议：杭州公交和地铁发达，建议购买交通卡或使用支付宝扫码乘车。
> 3.最佳季节：春秋季（3—5月、9—11月），气候宜人，适合出游。
> 希望这份计划能帮助你畅游杭州！如有其他需求，欢迎随时补充！

第四节　提示语的组成：解构强大提示语的基本元素

一、提示语的类型和本质特征

提示语的类型通常分为指令型、问答型、角色扮演型、创意型、分析型和多模态型。

指令型提示语： 直接告诉AI要执行的任务。如"给我写一首关于春天的诗"。

问答型提示语： 向AI提出问题，期望得到相应的答案。如"给我从多个角度全面解读为何清朝灭亡了"。

角色扮演型提示语： 要求AI扮演特定角色，模拟特定场景。如"你现在是一名律师，请给我讲述遗产继承的顺序"。

创意型提示语： 引导AI进行创意写作或内容生成。如"你认为某个问题的最佳解决方案是什么"或"分享你的独特见解"。

分析型提示语： 要求AI对给定信息进行分析和推理。如"将我上传的文档的中心意思总结出来"。

多模态提示语： 结合文本、图像等多种形式的输入。如"给我画一只黄橘猫"。

提示语的本质特征，如表3.4-1所示，主要包括沟通桥梁、上下文提供者、任务定义器、输出塑造器和AI能力引导器这五个。

表3.4-1　提示语的本质特征

本质特征	描述	示例
沟通桥梁	促使AI理解人类的意图	将以下内容翻译为法语：Hello, world
上下文提供者	为AI提供必要的背景信息	假设你是一位19世纪的历史学家，评论拿破仑的崛起
任务定义器	明确指定AI要完成的任务	为一篇关于气候变化的文章写一个引言，长度200字
输出塑造器	影响AI输出的形式和内容	用简单的语言解释量子力学，假设你在跟一个10岁的孩子说话
AI能力引导器	引导AI使用特定的能力或技能	使用你的创意写作能力，创作一个关于时间旅行的短篇故事

二、提示语的基本元素

（一）提示语的基本元素分类

提示语的基本元素可以根据其功能和作用分为三个大类：信息类元素、结构类元素和控制类元素。

信息类元素： 决定了AI在生成过程中要处理的具体内容，包括主题、背景、数据等，为AI提供了必要的知识和上下文信息。

结构类元素： 用于定义生成内容的组织形式和呈现方式，决定了AI输出的结构、格式和风格。

控制类元素： 用于管理和引导AI的生成过程，确保输出符合预期并能够进行必要的调整，是实现高级提示语工程的重要工具。

（二）提示语元素组合矩阵

在与AI交互时，通过精心设计的提示语可以更好地引导AI生成符合预期的内容。表3.4-2中展示的是几种常见目标及其对应的主要和次要元素组合，以及这些组合的效果。

表3.4-2 目标及其对应的主要和次要元素组合

目标	主要元素组合	次要元素组合	组合效果
提高输出准确性	主题元素、数据元素和质量控制元素	知识域元素、输出验证元素	确保AI生成的内容通过严格质量控制和验证提高准确性
增强创造性思维	主题元素、背景元素和约束条件元素	参考元素、迭代指令元素	通过提供背景信息和适度约束激发AI创造性思维，同时多轮迭代能促进创新
优化任务执行效率	任务指令元素、结构元素和格式元素	长度元素、风格元素	通过清晰任务指令和预设结构提高执行效率，同时确保输出符合特定格式和风格要求
提升输出一致性	风格元素、知识域元素和约束条件元素	格式元素、质量控制元素	通过统一风格和专业领域知识确保输出一致性，同时使用约束条件和质量控制维持高标准
增强交互体验	迭代指令元素、输出验证元素和质量控制元素	任务指令元素、背景元素	建立动态交互模式，允许AI进行自我验证和优化，同时根据任务需求和背景信息灵活调整输出内容

"提示语元素协同效应"理论的核心观点包括下如几种。

互补增强： 某些元素组合可以互相弥补不足，产生1+1＞2的效果。

激活级联： 一个元素的激活可能引发一系列相关元素的连锁反

应，形成一个自我强化的正反馈循环。

冲突调和： 看似矛盾的元素组合可能产生意想不到的积极效果。

涌现属性： 某些元素组合可能产生单个元素所不具备的新特性。

三、RTGO提示语结构

RTGO提示语结构是一种用于与AI交互的框架，它包括四个主要部分：Role（角色）、Task（任务）、Goal（目标）和Objective（操作要求），以下是每个部分的详细说明。

Role(角色)，定义AI的角色，例如：

·经验丰富的数据分析师；

·具备十年销售经验的SaaS系统的商务人员。

Task(任务)，具体任务描述，例如：

·写一份关于××活动的小红书宣推文案；

·写一份关于××事件的舆情分析报告。

Goal(目标)，期望达成的目标效果，例如：

·通过该文案吸引潜在客户，促进消费；

·通过该报告为相关企业管理者提供××策略支撑。

Objective（操作要求），包括字数、段落结构、用词风格、内容要点、输出格式等方面要求，例如：

·字数在500字左右，段落结构包括引言、主体、结论等，正式、专业的用词风格，内容要点包括背景信息、数据分析、结论建议等，输出格式为PDF。

·通过使用RTGO提示语结构，可以更清晰地定义任务和目标，从而提高AI生成内容的质量和相关性。

四、提示语示例与实战

当向AI表达需求时，对应不同的需求类型，比如决策需求、分析需求、创造性需求、验证需求、执行需求等需采用不同策略。读者可以尝试模仿下面案例中的提示语进行练习。

决策需求的实战案例

小明是一名初中生，他有两个选择：购买一台平板电脑，用于在线学习、查阅资料，但要一次性支付较高的费用；订阅在线学习平台，该平台按月付费，提供丰富的学习资源和辅导课程，但长期使用可能会累积较高的费用。请作出最明智的决策。

分析需求的实战案例

小红上传了过去三年学校食堂满意度的数据（附CSV文件），请DeepSeek分析满意度变化趋势、影响因素，并预测满意度在未来的变化。

创造性需求的实战案例

设计一款智能家居产品，要求：解决独居老人安全问题；结合传感器网络和AI预警；提供三种不同技术路线的原型草图说明。

验证性需求的实战案例

以下是某论文结论："神经网络模型A优于传统方法B。"请验证：实验数据是否支持该结论；检查对照组设置是否存在偏差；重新计算P值并判断显著性。

执行需求的实战案例

将以下C语言代码转换为Python语言的代码，要求：保持时间复杂度不变；使用numpy优化数组操作；输出带时间测试案例的完整代码。

第五节　常见陷阱与应对：新手必知的提示语误区

前面我们明确说过，大模型是很宽泛的概念，DeepSeek也并不是只有推理模型一种。推理模型对提示语的要求并不高，但提示语是大模型非常重要的基础。不要对推理模型使用"启发式"提示（如角色扮演），否则可能会干扰其逻辑主线；也不要对通用模型"过度信任"（如直接询问复杂推理问题，要分步验证结果）。

一、四大常见陷阱及应对策略

新手设计提示语时存在四大常见陷阱（四大误区）。

（一）缺乏迭代陷阱：期待一次性完美结果

陷阱症状

过度复杂的初始提示语，对初次输出结果不满意就放弃，缺乏对AI输出的分析和反馈。

应对策略

采用增量方法：从基础提示语开始，逐步添加细节和要求。

主动寻求反馈：要求AI对其输出进行自我评估，并提供改进建议。

准备多轮对话：设计一系列后续问题，用于澄清和改进初始输出。

（二）过度指令和模糊指令陷阱：意图不明

陷阱症状

细节淹没了重点或意图不明确，提示语异常冗长或过于简短，AI输出与期望严重不符，要频繁澄清或重新解释需求。

应对策略

平衡详细度：提供足够的上下文，但避免过多限制。

明确关键点：突出最重要的2-3个要求。

使用结构化格式：采用清晰的结构描述需求。

提供示例：给出期望输出的简短示例。

（三）假设偏见陷阱：当AI只告诉你想听的

陷阱症状

提示语中包含明显的立场或倾向，获得的信息总是支持特定观点，缺乏对立或不同观点的呈现。

应对策略

自我审视：在设计提示语时，反思自己可能存在的偏见。

使用中立语言：避免在提示语中包含偏见或预设立场。

要求多角度分析：明确要求AI提供不同的观点或论据。

批判性思考：对AI的输出保持警惕，交叉验证重要信息。

（四）幻觉生成陷阱：当AI自信地胡说八道

陷阱症状

AI提供的具体数据或事实无法验证，输出中包含看似专业但实际上不存在的术语或概念，对未来或不确定事件作出过于具体的预测。

应对策略

强调不确定性：鼓励AI在不确定时明确说明。

事实核查提示：要求AI区分已知事实和推测。

多源验证：要求AI从多个角度或来源验证信息。

要求引用：明确要求AI提供信息来源，便于验证。

二、提示语的自我审查

提示语设计完成，最好要进行自我检查，并且迭代优化。

可以从以下十个方面来检查提示语：目标明确性、信息充分性、结构合理性、语言中立性、伦理合规性、可验证性、迭代空间、输出格式、难度适中和多样性。

另外，要学会灵活运用任务的开放性，给AI自由发挥的空间。

设定基本框架，留出探索余地： 提示语应提供一个结构化的框架，包含具体的生成目标，但不应过度限制表达方式或细节内容，给AI足够的空间进行创造。

多维度任务引导： 通过引导AI从多个角度看待问题，激发其对生成内容的多样化思考。

第四章

DeepSeek让学习
高效和轻松

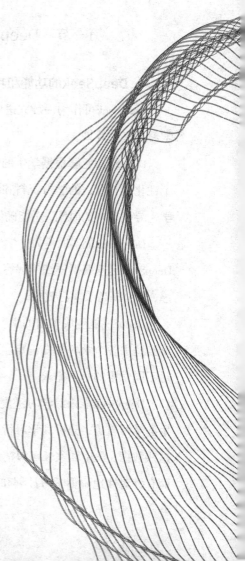

DeepSeek开发的大语言模型，具有强大的功能，涵盖自然语言处理、图像识别等多个领域，能在多个学科学习中发挥显著的助力作用。

对于渴望提升学习成绩的青少年而言，深入了解并合理运用DeepSeek，将开启高效学习的新大门。

第一节　DeepSeek如何帮助你学习

一、DeepSeek的功能和特点

DeepSeek可作为一款先进的AI学习工具，能够大幅提升青少年的学习效率和效果。

DeepSeek能够根据学生的学习进度、知识掌握情况和兴趣爱好，个性化推荐合适的学习资料和练习题。这种定制化的机制不仅节省了学生寻找资料的时间，还能确保学习的内容有针对性和有效性。

DeepSeek能实时答疑。学生在学习过程中遇到疑难问题可以通过DeepSeek迅速获得详细的解答。这种反馈机制有助于学生及时解决困惑，从而提高了学习效果。

DeepSee能生成丰富的学习资源，如试题、思维导图等，涵盖从小学到高中各个学科的知识点。这些资源形式多样、内容丰富，能够满足不同学生的学习需求。

DeepSeek能跟踪学习进度并进行数据分析。DeepSeek能够记录学生的学习轨迹，分析其学习行为和效果，生成详细的学习报告。通过这些数据，学生和家长可以清晰了解学生学习的进展和薄弱环节，从而有针对性地调整学习计划和策略。

DeepSeek支持多平台使用,学生可以在电脑和手机等多种设备上随时随地学习。这种灵活性使学习不受时间和地点的限制,极大地提高了学习的便利性和持续性。

二、DeepSeek在学习中的应用场景

DeepSeek在学习中的应用场景广泛,涵盖了课前预习、课堂学习、课后复习和作业辅导等多个环节,能够全面提升学生的学习效果,提高学生的学习成绩。

在使用DeepSeek之前,青少年应明确自己的学习目标,如提高数学成绩、背诵英语单词、提升写作能力等。学生可以设定"在一个月内掌握500个英语单词"或"提高数学解题速度和准确率"等具体目标。

利用DeepSeek还可以帮助学生制定个性化的学习计划。学生可以向DeepSeek发出提示语:"我要在两个月内提高语文阅读理解能力,请帮我制定一个详细的学习计划。"DeepSeek会根据你的需求生成一个包含每日任务的学习计划,帮助你有条不紊地学习。要说明的是,DeepSeek制定的学习计划非常详尽,但限于篇幅,以下仅保留了精华内容。

DeepSeek实训:两个月内提高语文成绩的学习计划	
第一周:熟悉基本题型和解题技巧 每日任务:阅读一篇短文,完成相关练习题;学习并掌握一种解题技巧(如找主题句、关键词定位等)。 周末任务:复习本周所学技巧,完成一套阅读理解练习题。	第二周:掌握文章主旨段落大意的提取方法 每日任务:阅读一篇短文,提取主旨和段落大意;学习并掌握提取主旨和大意的方法(如首尾句法、关键词法等)。 周末任务:复习本周所学方法,完成一套阅读理解练习题。

DeepSeek实训：两个月内提高语文成绩的学习计划	
第三周：提高对细节信息的捕捉能力 每日任务：阅读一篇短文，找出文章中的细节信息；学习并掌握捕捉细节信息的方法（如划线法、标注法等）。 周末任务：复习本周所学方法，完成一套阅读理解练习题。	第四周：学会分析文章结构和作者意图 每日任务：阅读一篇短文，分析文章结构和作者意图；学习并掌握分析文章结构和作者意图的方法。 周末任务：复习本周所学方法，完成一套阅读理解练习题。
第五周：提升对修辞手法和语言风格的理解 每日任务：阅读一篇短文，分析文章中的修辞手法（如比喻、拟人、排比等）和语言风格；学习并掌握常见的修辞手法和语言风格。 周末任务：复习本周所学内容，完成一套阅读理解练习题。	第六周：综合练习，提高解题速度和准确率 每日任务：完成一套阅读理解练习题，计时并记录成绩；分析错题，找出薄弱环节并进行针对性练习。 周末任务：完成两套阅读理解练习题，模拟考试环境。
第七周：模拟考试，检验学习成果 每日任务：完成一套模拟考试题，计时并记录成绩；分析错题，找出薄弱环节进行针对性练习。 周末任务：完成两套模拟考试题，模拟考试环境。	第八周：查漏补缺，巩固知识点 每日任务：复习前七周的学习笔记和错题集；针对薄弱环节进行专项练习。 周末任务：完成一套综合练习题，检验复习效果。

在课前预习阶段，DeepSeek可以根据学生的课程安排和学习进度，推送相关的预习资料。学生可以通过这些资料提前了解即将学习的内容，掌握基本概念和背景知识，从而在课堂上更加自信和主动地参与讨论和提问。例如，向DeepSeek发出提示语："我们下节课讲圆锥的表面积和体积相关的知识，你能不能给我生成一个侧重讲解圆锥的体积相关知识的预习文档？"

DeepSeek实训：生成"圆锥的体积"的预习文档。
我们下节课讲"圆锥的表面积和体积"，你能不能给我生成一个预习文档，侧重圆锥的体积。 预习文档：圆锥的体积 一、圆锥的基本概念 1.1圆锥的定义 圆锥是一种三维几何体，由一个圆形底面和一个顶点(或称为尖顶)组成。顶点与底面圆心的连线称为圆锥的高(h)，底面圆的半径称为圆锥的半径(r)。

> **DeepSeek实训：生成"圆锥的体积"的预习文档。**
> 1.2 圆锥的分类
> 直圆锥：顶点与底面圆心的连线垂直于底面。
> 斜圆锥：顶点与底面圆心的连线不垂直于底面。
> 二、圆锥的体积
> 2.1 体积公式
> 圆锥的体积公式为：$V=1/3\pi r^2 h$

在课堂学习过程中，DeepSeek可以作为一个强大的辅助工具。学生可以利用实时答疑功能，随时解决课堂上遇到的疑难问题。此外，DeepSeek还支持对课堂笔记的整理和归纳，帮助学生更好地记录和回顾课堂内容，提高学习效率。

课后复习是巩固知识的重要环节，DeepSeek在这一阶段同样发挥着重要作用。DeepSeek可根据学生的学习记录和测试结果，智能推荐复习重点和难点，提供有针对性的练习题和解析。学生可以通过这些练习，巩固所学知识，查漏补缺，确保每个知识点都已牢固掌握。

在作业辅导方面，DeepSeek提供了详细的解题步骤和答案解析，帮助学生完成作业。对于复杂的问题，DeepSeek还会提供多种解题思路和方法，拓展学生的思维广度。DeepSeek还支持作业批改和错题分析，帮助学生及时发现和纠正错误，避免重复犯错。

DeepSeek在考试准备阶段也能提供有力支持。DeepSeek会根据考试大纲和学生学习的薄弱环节，生成个性化的复习计划和模拟试题。学生可以通过这些模拟测试，熟悉考试题型和答题时间安排，提升应试能力和信心。

除了课本上的知识，DeepSeek还提供了丰富的科学学习资料库，包括视频课程、电子书籍和在线讲座等。学生可以通过这些资源进行自主和拓展学习，拓宽科学知识面，提高科学素养。系统根据学生的学习记录和测试结果，帮助学生设计个性化的学习方案和学习内容，成为学生学习的好帮手、好助理。

DeepSeek可以支持学习的多维度互动。学生通过系统可以参与在线讨论和问答，与其他学生和老师交流学习心得和疑问。这种互动学习方式不仅能够激发学生的学习兴趣，还能提高他们的思维能力、表达能力和沟通交流能力。

第二节 用DeepSeek提升语文与历史的成绩

一、用DeepSeek提升语文成绩

要提升语文成绩，通常可以尝试以下方法。

多记忆： 熟记语文基础知识，包括语法、修辞手法、标点符号等；理解和背诵古诗文，引用名句，增加作文内容的深度。

多练习： 做题巩固基础，练习病句修改、阅读理解等；积累词汇，提高词汇量。

多读写： 多读书，培养语感和阅读理解能力；多创作不同的内容，包括记叙文、议论文、说明文等。

另外，鼓励探索、提问、学习；同时，家长的陪伴和指导也很重要。

（一）DeepSeek帮助理解词语／文言文

遇到不理解的词语或文言文时，可以直接向DeepSeek请教。例如，向DeepSeek提问："成语'锲而不舍'是什么意思？请从字面意思和引申义两方面，用苏格拉底提问法为我讲解。"

DeepSeek会帮助你深入理解成语的含义和用法。它的回答如下

所示。

DeepSeek实训："锲而不舍"成语讲解（使用苏格拉底提问法）

1. 字面意思
苏格拉底提问：
你知道"锲"是什么意思吗？
你知道"舍"是什么意思吗？
如果把"锲"和"舍"放在一起，字面上会是什么意思呢？
解释：
"锲"指的是用刀子刻东西。
"舍"指的是放弃、停止。
字面意思是"不停地刻，不放弃"。

2. 引申义
苏格拉底提问：
如果一个人不停地刻东西，不放弃，你觉得结果会怎样？
这种行为体现了什么样的品质？
在生活中，我们要对哪些事情锲而不舍？
解释：
该成语的引申义是指坚持不懈地做某件事，不轻易放弃。
这种品质体现了毅力、耐心和决心。
在学习、工作或追求目标时，我们都要有锲而不舍的精神。

3. 应用举例
苏格拉底提问：
你能想到一个锲而不舍的例子吗？
如果一个人在学习中锲而不舍，他会取得什么样的成绩？
你觉得"锲而不舍"和"半途而废"有什么区别？
解释：
例子：爱迪生发明电灯时，失败了上千次，但他锲而不舍，最终成功。
在学习过程中，锲而不舍的人会不断进步，取得好成绩。
"锲而不舍"强调坚持到底，而"半途而废"则是中途放弃。

4. 总结
通过苏格拉底提问法，我们从字面意思和引申义两方面深入理解了"锲而不舍"的含义。这个成语告诉我们，无论做什么事情，只要坚持不懈，就一定能取得成功。
希望这个讲解对你有帮助！如果有其他问题，请随时告诉我！

（二）DeepSeek提升阅读理解能力

在阅读课文或课外读物时，如果遇到难以理解的内容，可以向DeepSeek提问。例如，"在'草船借箭'的故事里，诸葛亮为什么能成功借到箭？请用苏格拉底提问法为我解答"。DeepSeek会通过一系列问题引导你思考，帮助你理解故事的深层含义。DeepSeek的回答如下：

DeepSeek实训：《草船借箭》中诸葛亮成功借到箭的原因（使用苏格拉底提问法）

1.诸葛亮的计划
苏格拉底提问：
你知道诸葛亮为什么要借箭吗？
他借箭的目的是什么？
他为什么选择用草船来借箭？
解释：
诸葛亮需要箭来应对即将到来的战斗。
他选择草船是因为草船轻便且利于吸引敌方的弓箭，适合在雾天行动。
2.天气条件
苏格拉底提问：
诸葛亮选择在什么天气下行动？
这种天气对他的计划有什么帮助？
如果天气晴朗，他的计划还能成功吗？
解释：
诸葛亮选择在大雾天行动。
大雾能见度低，敌人难以发现草船的真实情况。
如果天气晴朗，敌人可能会识破他的计划，导致失败。
3.心理战术
苏格拉底提问：
诸葛亮如何利用敌人的心理？
他为什么让士兵敲鼓呐喊？
敌人为什么会射箭？
解释：
诸葛亮利用敌人的谨慎心理，制造假象。
敲鼓呐喊是为了让敌人误以为有大军来袭。
敌人因为害怕被攻击，选择射箭防御。
4.团队合作
苏格拉底提问：
诸葛亮的士兵在计划中扮演了什么角色？
他们如何配合诸葛亮的计划？
如果士兵不听从命令，计划还能成功吗？
解释：
士兵负责驾驶草船、敲鼓呐喊。
他们严格按照诸葛亮的指示行动，确保计划顺利进行。
如果士兵不听从命令，计划可能会失败。
5.诸葛亮的智慧

> **DeepSeek实训：《草船借箭》中诸葛亮成功借到箭的原因（使用苏格拉底提问法）**
>
> 苏格拉底提问：
> 诸葛亮在整个计划中展现了哪些智慧？
> 他如何预见敌人的反应？
> 这个计划体现了诸葛亮的哪些品质？
> 解释：
> 诸葛亮展现了高超的战略思维、对人心的掌握和灵活应变能力。
> 他预测敌人会在大雾天谨慎行事，选择射箭防御。
> 这个计划体现了诸葛亮的机智、冷静和领导力。
> 总结
> 通过苏格拉底提问法，我们深入分析了诸葛亮成功借到箭的原因。他的成功不仅依赖于天气条件和心理战术，还得益于团队合作和他个人的智慧。这个故事告诉我们，智慧和策略在解决问题中的重要性。
> 希望这个讲解对你有帮助！如果有其他问题，请随时告诉我！

（三）DeepSeek帮助理清写作思路

如果在写作时感到无从下手，可以向DeepSeek寻求帮助。同样可以使用以下步骤来完成一份属于自己的写作方案。

AI进行故事梗概生成→人工润色→AI提供风格改进建议

DeepSeek会通过提问和建议，帮助你理清写作思路，提供写作框架和要点。例如，向DeepSeek发出提示语："我怎样才能写好一篇关于'我的家乡'的作文？请用苏格拉底提问法为我解答。"DeepSeek的回答如下所示。

> **DeepSeek实训：写一篇关于"我的家乡"的作文**
>
> 1.确定主题和目的
> 问题：你写这篇作文的目的是什么？是为了表达对家乡的热爱，还是为了介绍家乡的特色？
> 思考：明确作文的目的有助于确定文章的重点和风格。
> 2.收集素材
> 问题：你的家乡有哪些独特的地方？如自然风光、历史文化和风土人情等方面。
> 思考：列出家乡的特色，如著名景点、传统节日、特色美食等。
> 3.组织结构
> 问题：你打算如何组织这些素材？按时间顺序进行组织，还是按主题进行组织？
> 思考：确定文章的结构，如引言、正文、结尾，确保逻辑清晰。

DeepSeek实训：写一篇关于"我的家乡"的作文

4.引言部分
问题：你如何吸引读者的注意力？是通过一个有趣的故事，还是通过引人入胜的描述？
思考：设计一个吸引人的开头，可以是一个生动的场景或一个有趣的事实。

5.正文部分
问题：你如何详细描述家乡的特色？是通过具体的细节，还是通过对比和比喻？
思考：使用具体的例子和生动的语言，使描述更加形象和感人。

6.结尾部分
问题：你如何构思结尾？是通过总结家乡的美好，还是通过表达对未来的期望？
思考：构思一个有力的结尾，可以是深刻的感悟或美好的祝愿。

7.语言和风格
问题：你打算使用什么样的语言风格？是正式的还是非正式的？是抒情的还是叙述的？
思考：根据作文的目的和读者群体，选择合适的语言风格。

8.修改和润色
问题：你如何确保文章的语言流畅和逻辑清晰？是通过多次修改，还是通过请他人审阅？
思考：完成初稿后，进行多次修改和润色，确保文章质量。

9.作文大纲示例
（1）引言
开头用一个生动的场景或有趣的事实吸引读者。示例：每当我踏上家乡的土地，那熟悉的泥土的芬芳和清新的空气总能让我感到无比安心。

（2）正文
描述家乡的自然景观，如山川、河流、湖泊等。示例：家乡的山峦起伏，绿树成荫，每当清晨，薄雾笼罩在山间，宛如仙境一般。
介绍家乡的历史遗迹和文化传统。示例：家乡有着悠久的历史，古老的城墙和庙宇见证了岁月的变迁。
描述家乡的风俗习惯和人们的生活方式。示例：每逢节日，家乡的街道上总是热闹非凡，人们载歌载舞，庆祝丰收和团圆。

（3）结尾
总结家乡的美好，表达对家乡的热爱和未来的期望。示例：家乡是我心灵的港湾，无论我走到哪里，那份深深的眷恋始终萦绕心头。我希望家乡的未来更加美好，也希望更多的人能够了解和喜爱这片美丽的土地。

（4）结语
通过苏格拉底提问法，你可以更深入地思考和规划如何写好一篇关于"我的家乡"的作文。希望这些问题和思考能帮助你写出一篇生动、感人的作文，充分表达你对家乡的热爱和怀念。

DeepSeek还会帮助学生激发创造力和想象力，让他们写出更加生动形象的句子。比如，向DeepSeek发出指令："帮三年级学生想5个关于春天的比喻句。"DeepSeek的回答如下所示。

春天像一位温柔的画家,用五彩缤纷的颜料点缀大地。

春天像一位慈爱的母亲,轻轻唤醒沉睡的万物。

春天像一位欢快的音乐家,用鸟鸣和溪流奏响生命的乐章。

春天像一位勤劳的园丁,播撒希望的种子,让世界充满生机。

春天像一位神奇的魔术师,用温暖的阳光和和煦的春风,让世界焕然一新。

(四)DeepSeek帮助构建文学分析体系

提示语示例:"戏剧《哈姆雷特》第三幕第一场独白的修辞手法如何体现人物内心的矛盾?"

AI将提供比喻分析(将内心挣扎比作海洋风暴)、隐喻网络(关联"毒药""疾病"等意象)、文学史坐标(与莎士比亚同期戏剧对比)等三方面的分析。DeepSeek的回答如下所示。

DeepSeek实训:对戏剧《哈姆雷特》第三幕第一场独白的修辞手法的分析

"生存还是毁灭"(To be, or not to be)等独白是莎士比亚戏剧《哈姆雷特》中最著名的独白之一,深刻揭示了主人公哈姆雷特的内心矛盾。以下从修辞手法切入,分析这些独白如何体现人物矛盾:

1.设问

原文:To be, or not to be, that is the question.

分析:哈姆雷特通过设问直接提出核心矛盾:是继续生存,忍受痛苦,还是选择毁灭,结束一切。这种设问不仅是对自我的拷问,也是对观众或读者的引导,引发对生命意义的思考。

2.对比

原文:Whether 'tis nobler in the mind to suffer / The slings and arrows of outrageous fortune, / Or to take arms against a sea of troubles / And by opposing end them.

分析:哈姆雷特将"忍受命运的暴虐"与"反抗并结束痛苦"进行对比,凸显了生存与毁灭之间的对立。这种对比手法强化了他内心的挣扎和矛盾。

3.隐喻

原文:The slings and arrows of outrageous fortune.

分析:哈姆雷特用隐喻形象地表达了生存的痛苦和艰难。这种隐喻加深了观众对他内心痛苦的理解。

> **DeepSeek实训：对戏剧《哈姆雷特》第三幕第一场独白的修辞手法的分析**
>
> 4.排比
> 原文：To die, to sleep; / To sleep, perchance to dream.
> 分析：哈姆雷特通过排比将"死亡"与"睡眠"并列，进一步探讨死亡的可能后果。这种修辞手法增强了独白的节奏感，同时也突出了他对未知的恐惧。
> 5.反问
> 原文：For who would bear the whips and scorns of time, / The oppressor's wrong, the proud man's contumely... / When he himself might his quietus make / With a bare bodkin?
> 分析：哈姆雷特提出一个问题，随后自己回答，揭示了人们忍受痛苦的原因是对死亡后的未知恐惧。这种反问手法进一步加深了他对生存与毁灭的思考。
> 6.夸张
> 原文：The undiscovered country from whose bourn / No traveler returns.
> 分析：哈姆雷特将死亡后的世界夸张地描述为"未知的国度"，强调了他对死亡的恐惧和不确定。这种夸张手法增强了独白的戏剧性和情感张力。
> 7.重复
> 原文：To die, to sleep; / To sleep, perchance to dream.
> 分析：哈姆雷特重复"to sleep"，强调了他对死亡和睡眠之间相似性的思考。这种重复手法加深了观众对他内心矛盾的理解。
> 8.总结
> 通过设问、对比、隐喻、排比、反问、夸张和重复等修辞手法，莎士比亚成功地刻画了哈姆雷特内心的深刻矛盾。这些独白不仅展现了哈姆雷特对生存与毁灭的思考，也揭示了他对命运、痛苦和未知的恐惧。这些修辞手法共同作用，使得这些独白成为文学史上的经典之问。
> 希望这个分析对你有帮助！如果有其他问题，请随时告诉我！

（五）总结

语文学习涉及阅读理解、写作能力和文学知识积累等多个方面，DeepSeek在这些方面都能提供有效的支持，帮助青少年大幅提高语文成绩。

在阅读理解方面，DeepSeek提供了大量的阅读材料和练习题，涵盖各种文体和题材。学生可以通过智能推荐功能，选择适合自己水平的阅读材料进行练习。DeepSeek还具备文本分析功能，能够对文章的结构、主题和语言特点进行详细解析，帮助学生深入理解文本内容。

在写作能力提高方面，DeepSeek提供了多种写作指导和练习工具。DeepSeek根据学生的写作水平，推荐合适的作文题目和范文。学生可以通过模仿和学习优秀范文，提高自己的写作技巧。DeepSeek还能进行作文批改，对学生的作文进行详细点评，指出语法错误、逻辑混乱和表达不准确等问题，并提供修改建议。通过反复练习和修改，学生的写作能力将得到飞速提高。

在文学知识积累方面，DeepSeek能提供文学理论和文学史等方面的丰富知识。学生可以利用DeepSeek辅助阅读感兴趣的文学作品。根据学生的学习进度和相关知识的测试结果，系统会智能推荐相关的学习内容和练习题，确保学生全面、准确掌握文学知识。

二、用DeepSeek提升历史的成绩

（一）清晰呈现历史脉络

历史学科内容繁杂，时间线长。DeepSeek可以帮助青少年梳理历史事件发展脉络，以时间轴的形式展示各个历史时期的重大事件、人物和文化成就。

例如，在学习中国古代史时，它能清晰地呈现从夏朝到清朝各个朝代的更替、政治制度的演变、重要历史事件的发生时间和影响，让学生对中国古代史发展有一个整体且清晰的认知。同时，它还能对比不同地区、不同国家在同一历史时期的发展情况，帮助学生拓宽历史视野，理解文明的多样性和关联性。

DeepSeek实训：公元前638年的欧洲各地区发生了什么？

公元前638年，欧洲正处于铁器时代，许多地区的社会结构和文化正在逐步形成，以下是当时欧洲主要地区的情况概述。
1.古希腊地区
城邦发展：城邦（如雅典、斯巴达）逐渐形成，社会结构和政治制度正在演变。

> **DeepSeek实训：公元前638年的欧洲各地区发生了什么？**
>
> 文化萌芽：古希腊文化开始萌芽，神话、诗歌和艺术逐渐发展。
> 2.意大利半岛
> 伊特鲁里亚文明：该文明在意大利中部繁荣发展，其文化和技术对古罗马文明产生了深远影响。
> 古罗马的早期阶段：古罗马当时尚未成为强大帝国。
> 3.西欧和中欧
> 凯尔特人：凯尔特人在中欧和西欧广泛分布，他们的部落社会正在形成，铁器技术逐渐普及。
> 哈尔施塔特文化：以奥地利哈尔施塔特地区命名，以铁器文化的高度发展而闻名。
> 4.北欧和东欧
> 日耳曼部落：日耳曼人的祖先在北欧地区活动，他们以部落为主。
> 斯拉夫人的早期活动：斯拉夫人的祖先在东欧地区活动，但关于他们的具体记载较少。
> 5.巴尔干半岛
> 色雷斯人：色雷斯人在巴尔干半岛东部活动，其文化和社会结构正在形成。
> 伊利里亚人：伊利里亚人在巴尔干半岛西部活动，其部落社会正在发展。
> 6.总结
> 公元前638年，欧洲各地区的社会和文化正在逐步形成和发展。古希腊文明等都在这一时期活跃，为欧洲后来的发展奠定了基础。
> 希望这个概述对你有帮助！如果有其他问题，请随时告诉我！

（二）历史事件深度剖析

对于重要的历史事件，DeepSeek能提供多角度的分析和解读。它不仅介绍了事件的基本过程，还能深入分析事件发生的原因、背景、影响以及各方的观点和评价。

例如，在分析工业革命这一历史事件时，它能详细阐述工业革命发生在英国的原因，包括政治、经济、科技等多方面，以及工业革命对世界经济、社会结构、国际关系等方面产生的深远影响，帮助学生全面、深入地理解历史事件，培养学生的历史思维能力和批判思维能力。

如果学生对历史学科中的某个时期特别感兴趣，DeepSeek可以推荐相关历史图书、纪录片以及学术研究论文，让学生深入了解该时期的历史文化，培养学生探索知识的兴趣和能力，使学生逐渐养成自主学习的习惯。

在学习历史知识时，对于DeepSeek给出的某个历史事件的解读，学生可以查阅相关的历史图书、学术论文等资料，对比不同来源的信息，以确保自己获取的知识准确无误。同时，如果发现DeepSeek提供的信息存在错误，学生可以向其反馈，帮助其不断优化和完善。

（三）AI让课堂成为"穿越时空的对话场"

利用AI等先进技术手段，可以激活学生的历史思维，帮助他们构建沉浸式学习体验。

虚拟历史场景重建案例： 还原"宋代汴京市井"生活场景。

高阶指令：基于《清明上河图》和《东京梦华录》生成一段5分钟全景视频：需展示虹桥商贩叫卖、勾栏瓦舍表演、交子流通场景，并设计学生探究任务——从视频中找出3项反映商品经济繁荣的细节。

效果：学生通过VR设备收集"虚拟文物"，生成个性化学习报告。

跨学科项目式学习案例： 结合编程，模拟"郑和下西洋"。

高阶指令：设计一个融合历史与Python编程语言的跨学科项目，生成模拟舰队航行路线的相应的代码，结合季风数据、朝贡贸易记录，分析航行策略。给出数据集清洗建议、代码框架（含注释）、历史-地理双维度评估量表。

效果：AI自动生成明代航海图数字化模板，降低技术门槛。

动态学情诊断系统案例： 实时监测二战史相关知识的学习盲区。

高阶指令：分析最近三次测试数据，找出"法西斯主义兴起原因"知识点的薄弱环节。推荐有针对性学习资源（纪录片等），生成差异化辅导方案。

效果：AI自动标记常错学生群体，推送定制化课程。

最后，DeepSeek可用于游戏化教学。

DeepSeek实训：将"三国鼎立"转化为兵棋推演游戏。

一、游戏概述
1.游戏背景
游戏以中国历史上的三国时期为背景，玩家将扮演魏、蜀、吴三国中的一方，通过战略决策、资源管理和军事行动，争夺天下霸权。
2.游戏目标
玩家通过合理的内政管理、外交策略和军事行动，最终战胜另外两国，实现最终胜利。
二、游戏地图
1.地图设计
地理区域：地图涵盖三国时期的主要地理区域，包括中原、江南、西南、西北等。
城市节点：主要城市作为战略节点，如洛阳、成都、建业等。
地形要素：包括山地、平原等，影响行军速度和战斗效果。
2.地图分区
魏国：在中原地区，资源丰富，人口密集。
蜀国：在西南地区，地形险要，易守难攻。
吴国：在江南地区，水网密布，水军优势明显。
三、游戏机制
1.资源管理
粮食：用于维持军队和城市发展。
金钱：用于招募士兵、建设设施和外交活动。
人口：影响兵源和城市发展速度。
2.内政系统
农业：提高粮食产量。
商业：增加金钱收入。
科技：提升军队战斗力和城市防御力。
3.军事系统
兵种：包括步兵、骑兵、弓箭手、水军等，各有优劣。
将领：历史名将如赵云、关羽、张飞等，拥有特殊技能和属性。
战斗：采用回合制战斗模式，地形和兵种相克影响战斗结果。
4.外交系统
联盟：与其他势力结盟，共同对抗强敌。
贸易：通过贸易获取稀缺资源。
间谍：派遣间谍进行情报收集和破坏活动。

DeepSeek实训：将"三国鼎立"转化为兵棋推演游戏。

四、游戏流程
1. 初始阶段
选择势力：玩家选择魏、蜀、吴三国中的一方。
初始资源：根据选择的势力，分配初始资源、城市和军队。
2. 回合制进行
内政阶段：玩家进行农业、商业、科技等方面的决策。
军事阶段：玩家调动军队，进行攻防行动。
外交阶段：玩家进行外交活动，如结盟、离间等。
3. 胜利条件
统一中国：通过军事征服或外交手段，获得所有城市。
时间结束：在规定的回合数内，拥有最多城市和资源的玩家获胜。

五、游戏特色
1. 历史还原
历史事件：游戏中融入历史事件，如赤壁之战、官渡之战等，影响游戏进程。
名将系统：历史名将拥有独特的技能和属性，影响战斗和内政。
2. 策略深度
多样化的策略选择：玩家可以通过不同的内政、军事和外交策略，实现最终胜利。
动态的游戏环境：其他势力的行动和随机事件会影响游戏进程，增加挑战性。
3. 多人模式
在线对战：支持多人在线对战，玩家可以与其他玩家一较高下。
合作模式：玩家可以结盟，共同对抗其他国家或其他联盟。

六、游戏界面
1. 主界面
地图显示：显示当前游戏地图，包括城市、军队、资源等。
信息面板：显示当前资源、城市状态、军队信息等。
操作面板：进行内政、军事、外交等操作的按钮和菜单。
2. 战斗界面
战斗地图：显示战斗地形和双方军队部署。
战斗指令：选择攻击、防御、撤退等指令。
战斗结果：显示战斗结果和损失情况。

七、游戏开发计划
1. 前期准备
历史研究：深入研究三国时期的历史、地理、人物等。
游戏设计：完成游戏机制、地图设计、界面设计等。
2. 开发阶段
程序开发：编写游戏核心代码，实现游戏机制和界面。
美术设计：设计游戏地图、角色、界面等美术资源。
音乐和音效制作：制作游戏背景音乐和音效。
3. 测试阶段
内部测试：开发团队进行内部测试，修复bug和优化游戏体验。
公测：邀请玩家进行公测，收集反馈并进行改进。

> **DeepSeek实训：将"三国鼎立"转化为兵棋推演游戏。**
>
> 4.发布阶段
> 正式发布：在各大游戏平台发布游戏，进行推广和运营。
> 后续更新：根据玩家反馈，进行内容更新和功能扩展。
> 八、总结
> 通过将"三足鼎立"转化为战略地图推演游戏，玩家可以在游戏中体验三国时期的历史风云，通过策略和智慧争夺天下霸权。游戏不仅具有深厚的历史底蕴，还提供了丰富的策略选择和多样化的游戏体验，相信能够吸引广大历史爱好者和策略游戏玩家的喜爱。

将枯燥的历史知识转变为一种充满娱乐性和竞技性的游戏，这样，是不是每个学生都更爱学习历史了呢？

第三节 数理化地：DeepSeek辅助学习解题技巧

一、数学难题攻克与思维培养

（一）DeepSeek在数学中的应用场景

数学能培养逻辑思维和问题解决能力，DeepSeek在这些方面提供了多种有效的工具和方法，帮助青少年快速提高数学成绩。

解题思路引导： 面对复杂的数学难题，DeepSeek能为青少年提供详细的解题步骤和思路分析。不仅给出答案，还引导学生思考问题。

比如，在解决一道几何证明题时，DeepSeek可以通过图形标注和文字说明，展示如何运用定理和已知条件构建证明逻辑，帮助学生掌握几何证明的方法和技巧。同时，它还会提供多种解题方法，拓宽学生的思维视野，让学生学会从不同角度思考问题，培养创新思维能力。

知识点巩固与拓展： DeepSeek能根据学生的学习进度和知识点掌握的薄弱环节，有针对性地生成相关知识点的练习题和讲解内容。通过对学生答题情况的分析，精准定位学生对哪些知识点理解不透彻，然后提供详细的例题分析和相似题型的练习题，帮助学生巩固所学知识。

比如，当学生在学习函数时遇到困难，DeepSeek就可以提供从函数概念、性质到不同函数类型等方面的详细讲解，并结合大量的练习题，让学生逐步掌握函数知识，还能拓展函数在实际生活中的应用案例，使学生增强对知识的理解和运用能力。

辅助构建数学模型： 在学习数学建模相关内容时，DeepSeek能辅助学生理解和构建数学模型。它可以解释不同数学模型的特点和适用场景，通过实际案例演示如何将实际问题转化为数学模型，并运用数学方法求解。

比如，在解决一个关于优化资源分配的问题时，DeepSeek能引导学生建立线性规划模型，通过数学计算找到最优解，培养学生运用数学知识解决实际问题的能力，提升学生的数学应用意识和综合素养。

（二）利用DeepSeek提高数学成绩的具体方法

DeepSeek能提供大量的数学练习题和详细的解题步骤，会根据学生的学习进度和知识掌握情况，智能生成合适的练习题。这些练习题涵盖了各个知识点和难度级别，能够帮助学生逐步提高解题能力。对于每道题目，DeepSeek都会提供详细的解题思路和步骤，帮助学生理解和学会解题方法。通过反复练习和总结，学生的解题技巧和速度将得到大幅提高。

DeepSeek能实时答疑，能够迅速解答学生在学习过程中遇到的疑难问题。无论是课堂上的疑惑还是作业中不会做的难题，学生都可以通过DeepSeek获得详细的解答和解析。这种即时反馈机制有助于学生及时解决困惑，避免知识漏洞的积累，从而提高学习效率。

DeepSeek能提供多种数学学习工具和资源，如几何画板、函数图像生成器和数学公式编辑器等。这些工具能够帮助学生直观地理解数学概念和原理，提高学习数学的趣味性。例如，学生可以通过几何画板动态观察几何图形的变化，加深对几何知识的理解；通过函数图像生成器，学生可以直观地看到函数图像的变化规律，更好地掌握函数知识。

DeepSeek支持个性化辅导，会根据学生的学习情况，生成个性化的学习计划和复习重点。学生可以通过这些计划有针对性地进行复习和练习，确保每个知识点都牢固掌握。DeepSeek还能定期对学生进行模拟测试，帮助学生熟悉考试题型和时间安排，提高其应试能力和信心。

学生通过DeepSeek生成的个性化的资源进行自主学习和拓展学习，还可以拓宽数学知识面，提高数学的学科素养。

(三)DeepSeek的数学应用示例

概念／公式理解： 在预习或复习数学知识时，如果遇到不理解的概念或公式，可以向DeepSeek请教。例如："什么是一元二次方程？请详细解释其定义和解法。"DeepSeek会通过详细的解释和示例，帮助你理解数学概念和公式。

解题思路： 在解题时，如果遇到困难而没有解题思路，可以向DeepSeek寻求帮助。比如，在"求$1+2+3+\cdots+100$的和"这道题中，DeepSeek会通过逐步分析和讲解，帮助你掌握解题思路和方法。DeepSeek给出的求解过程如下所示。

DeepSeek实训：求和的步骤
我尝试把这些数排列为两组，一组是从前往后数，另一组是从后往前数： 第一组：1,2,3,…,98,99,100 第二组：100,99,98,…,3,2,1 现在，我把这两组数字对应位置对齐并相加而得到： 101,101,101,101,101,101 哇，我发现每一列的和都是101！一共有100列，所以总和就是101乘以100，也就是101×100＝10100。但是这个结果是两组数字加起来的总和，而实际上我只要计算一组的和，所以应该把10100除以2，得到5050。 让我再验证一下这个方法是否正确。假设有更少的数，比如从1加到5： 1＋2＋3＋4＋5 按照同样的方法： 第一组：1,2,3,4,5 第二组：5,4,3,2,1 相加后每一列都是6，共有5列，总和是6×5＝30。再除以2就是15，而实际的计算结果也是1＋2＋3＋4＋5＝15。所以这个方法是对的！那如果用公式表达的话，从1加到n的和，可以用以下公式计算： S＝n(n＋1)/2 这里n是最后一个数，也就是100。代入进去就是： S＝100×(100＋1)/2＝100×101/2＝50×101＝5050 所以，从1加到100……

错题整理：将错题输入DeepSeek，让它帮助你分析错误原因并提供改进方法。例如："我在这道题上总是出错，能帮我分析一下原因吗？"DeepSeek会通过详细地分析，帮助你找到出错的根源，并提供有针对性的练习题。

生动演示：DeepSeek可以将复杂的数学知识用图像的形式展示出来。

DeepSeek实训：函数图像绘制难题
提示语：运用Python语言绘制抛体运动轨迹的三次函数拟合图像。
DeepSeek给出的回复内容非常长，我们摘取其中部分内容，如下： 可以使用Python的numpy或scipy库来拟合数据。以下是示例代码： import numpy as np import matplotlib.pyplot as plt

DeepSeek实训：函数图像绘制难题

```
#示例数据
x = np.array([0, 1, 2, 3, 4, 5])
y = np.array([0, 10, 18, 24, 28, 30]) #假设的抛体运动数据

#构建设计矩阵
X = np.column_stack([x, x**2, x**3])
#使用最小二乘法拟合
coefficients, *_ = np.linalg.lstsq(x, y, rcond=None)a, b, c = coefficients

#拟合结果
print(f"拟合参数: a = {a}, b = {b}, c = {c}")

#绘制拟合曲线
x_fit = np.linspace(0, 5, 100)
y_fit = a * x_fit + b * x_fit**2 + c * x_fit**3

plt.scatter(x, y, label="数据点")
plt.plot(x_fit, y_fit, label="三次函数拟合", color="red")
plt.xlabel("x")
plt.ylabel("y")
plt.legend()
plt.show()
```

二、物理、化学、地理学习助手

对于物理而言，单摆运动是重要的学习内容，DeepSeek可以帮助你设计一个展示单摆运动的交互网页，如图4.3-1所示。

物理原理可视化很重要，物理学科中的很多概念和原理都比较抽象，难以理解。DeepSeek可以通过生动的动画、模拟实验等形式，将物理原理直观地呈现给学生。

在讲解牛顿第二定律时，它能通过动画展示物体在不同外力作用下的运动状态变化，让学生清晰地看到力与加速度之间的关系。它还能提供物理实验的虚拟操作环境，让学生在虚拟世界中进行实验操作，观察实验现象，加深对物理知识的理解和记忆，弥补因条件限制

而无法进行现场实验的缺陷。

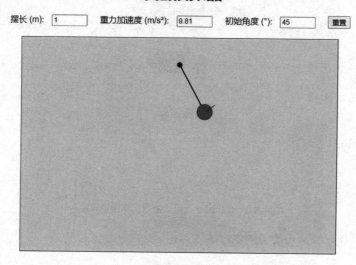

图4.3-1　DeepSeek可以生成物理演示课件

DeepSeek可以实现化学方程式的推导与实验模拟，如图4.3-2所示。在化学的学科学习中，DeepSeek能帮助学生理解和推导化学方程式，详细解释化学反应的原理，从原子、分子层面分析反应过程，让学生明白化学反应为什么会发生以及如何发生。

例如，在讲解氧化还原反应时，DeepSeek可通过动画展示电子的转移过程，帮助学生理解氧化还原反应的本质。同时，它还能模拟化学实验，让学生在虚拟环境中进行各种化学实验操作，观察实验现象，如酸碱中和反应中的颜色变化、沉淀生成等，避免了实际实验中产生的安全风险和化学品消耗，同时提高了学生的化学实验操作技能和对化学知识的感性认识。

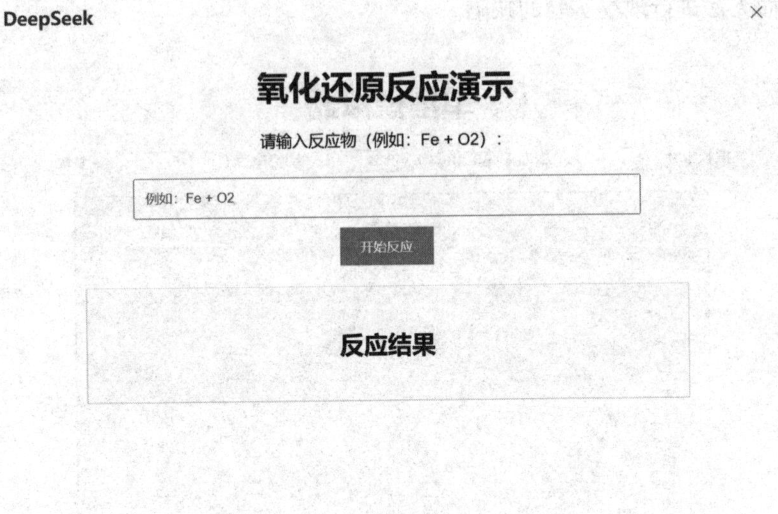

DeepSeek

氧化还原反应演示

请输入反应物（例如：Fe + O2）：

[例如：Fe + O2]

开始反应

反应结果

图4.3-2　DeepSeek可以生成化学演示课件

DeepSeek还能辅助学习地理知识。

DeepSeek实训：函数图像绘制难题

提示语：请给我编写程序，通过动画演示地球公转过程中太阳直射点的移动、昼夜长短的变化以及四季的更替。

```
<!DOCTYPE html>
<html lang="zh-CN">
<head>
  <meta charset="UTF-8">
  <meta name="viewport" content="width=device-width, initial-scale=1.0">
  <title>地球公转演示</title>
  <style>
    body {
      font-family: Arial, sans-serif;
      margin: 0;
      padding: 0;
      display: flex;
      justify-content: center;
      align-items: center;
      height: 100vh;
      background-color: #000;
```

DeepSeek实训：函数图像绘制难题

```css
      color: #fff;
}
.container {
    position: relative;
    width: 400px;
    height: 400px;
}
.sun {
    position: absolute;
    top: 50%;
    left: 50%;
    width: 50px;
    height: 50px;
    background-color: yellow;
    border-radius: 50%;
    transform: translate(-50%, -50%);
}
.earth {
    position: absolute;
    top: 50%;
    left: 50%;
    width: 20px;
    height: 20px;
    background-color: blue;
    border-radius: 50%;
    transform-origin: 150px 0;
    animation: orbit 10s linear infinite;
}
.earth::after {
    content: ' ';
    position: absolute;
    top: 50%;
    left: 50%;
    width: 10px;
    height: 10px;
    background-color: green;
    border-radius: 50%;
    transform: translate(-50%, -50%);
}
@keyframes orbit {
    from {
        transform: rotate(0deg) translateX(150px) rotate(0deg);
```

DeepSeek实训：函数图像绘制难题

```
      }
      to {
        transform: rotate(360deg) translateX(150px) rotate(360deg);
      }
    }
    .info {
      position: absolute;
      top: 20px;
      left: 20px;
      font-size: 14px;
    }
  </style>
</head>
<body>
  <div class="container">
    <div class="sun"></div>
    <div class="earth"></div>
    <div class="info">
      <p id="season">季节：春</p>
      <p id="daylight">昼夜长短：昼夜平分</p>
      <p id="sunPosition">太阳直射点：赤道</p>
    </div>
  </div>

  <script>
    const seasonElement = document.getElementById('season');
    const daylightElement = document.getElementById('daylight');
    const sunPositionElement = document.getElementById('sunPosition');

    const seasons = ['春', '夏', '秋', '冬'];
    const daylightInfo = ['昼夜平分', '昼长夜短', '昼夜平分', '昼短夜长'];
    const sunPositions = ['赤道', '北回归线', '赤道', '南回归线'];

    let currentIndex = 0;

    setInterval(() => {
      seasonElement.innerText = `季节：${seasons[currentIndex]}`;
      daylightElement.innerText = `昼夜长短：${daylightInfo[currentIndex]}`;
      sunPositionElement.innerText = `太阳直射点：${sunPositions[currentIndex]}`;

      currentIndex = (currentIndex + 1) % seasons.length;
```

> **DeepSeek实训：函数图像绘制难题**
>
> ```
>     }, 2500); // 每 2.5 秒更新一次信息
>   </script>
> </body>
> </html>
> ```

以上代码看起来很复杂，实际上你并不用懂这些，你需只要向DeepSeek提问就可以了。

地理学科中有很多抽象的地理现象，如地球的公转和自转、大气环流等，学生理解起来有一定难度。DeepSeek可以结合3D动画、虚拟现实等技术，将这些地理现象直观地展示给学生。通过上面代码生成的图像，学生可以直观地感受地球公转的原理和影响。

DeepSeek能利用卫星地图、等高线地图等多种地图形式，帮助学生理解地形地貌、气候分布等知识，使抽象的知识变得直观、形象，更易于学生学习、理解和记忆。

第四节 外语学习：DeepSeek的多语言能力

一、英语听、说、读、写的全方位提升

英语学习涉及听力、口语、阅读和写作等多个方面，DeepSeek在这些方面提供了多种有效的工具和方法，帮助青少年大幅提高英语成绩。

单词是听说读写的基础。在单词的学习方面，可以利用DeepSeek生成"记忆计划"。例如，向DeepSeek发出指令："我现在要背诵小升初阶段的英语单词，按照艾宾浩斯记忆法，帮我制定为期3个月的背诵和复习计划，附带每日具体背诵内容。"DeepSeek会根据你的需求生成详细的背诵计划，并提供每日背诵内容。回答如下所示。

DeepSeek实训：利用艾宾浩斯记忆法，为我生成小升初英语单词3个月详细的计划背诵

目标：熟练掌握小升初阶段核心词汇，约1000个单词。
材料：小升初英语单词书（建议选择按主题分类并配有例句的图书）
计划周期：3个月（约90天）
每日学习时间：1—1.5小时
复习周期：按照艾宾浩斯记忆法，分别在1天、2天、4天、7天、15天、30天后进行复习。
计划安排：
第一阶段：基础阶段（第1—30天）
目标：熟悉单词拼写、发音、基本词义。
每日任务：
学习新单词：每天20个新单词，重点记忆拼写、发音和基本词义。
复习旧单词：按照艾宾浩斯记忆法复习之前学过的单词。
例句学习：阅读并理解每个单词的例句，加深对单词用法的理解。
听读练习：听单词录音并跟读，模仿发音和语调。
复习安排：
第1天：复习第1天学习的单词。
第2天：复习第1、2天学习的单词。
第4天：复习第1、2、4天学习的单词。
第7天：复习第1、2、4、7天学习的单词。
第15天：复习第1、2、4、7、15天学习的单词。
第30天：复习第1、2、4、7、15、30天学习的单词。
第二阶段：强化阶段（第31—60天）
目标：巩固单词记忆，掌握单词的多种词义和用法。
每日任务：每天学习15个新单词，重点记忆单词的多种词义和用法；按照艾宾浩斯记忆法，复习之前学过的单词。
例句学习：理解每个单词的例句，尝试用新单词造句。
阅读练习：阅读简单的英文文章，在语境中理解单词的含义。
复习安排：
第31天：复习第31天学习的单词。
第32天：复习第31、32天学习的单词。
第34天：复习第31、32、34天学习的单词。
第37天：复习第31、32、34、37天学习的单词。
第45天：复习第31、32、34、37、45天学习的单词。
第60天：复习第31、32、34、37、45、60天学习的单词。
第三阶段：冲刺阶段（第61—90天）
目标：熟练运用单词，提高听说读写综合能力。
每日任务：学习10个新单词，重点记忆单词的搭配和短语；按照艾宾浩斯记忆法，复习之前学过的单词。
写作练习：尝试用学过的单词写简单的英文句子和段落。
听力练习：听英文歌曲、看英文动画片，提高听力理解能力。
口语练习：尝试用英语进行简单的对话，提高口语表达能力。

> **DeepSeek实训：利用艾宾浩斯记忆法，为我生成小升初英语单词3个月详细的计划背诵**
>
> 复习安排：
> 第61天：复习第61天学习的单词。
> 第62天：复习第61、62天学习的单词。
> 第64天：复习第61、62、64天学习的单词。
> 第67天：复习第61、62、64、67天学习的单词。
> 第75天：复习第61、62、64、67、75天学习的单词。
> 第90天：复习第61、62、64、67、75、90天学习的单词。
> 每日具体背诵内容：
> 由于不同单词书的单词顺序和分类不同，建议根据自身情况选择每天背诵的单词。
> 可以将单词按照主题分类，例如：动物、食物、颜色、学校、家庭等，每天背诵一个主题的单词。
> 可以使用单词卡片、手机应用等工具辅助记忆。
> 注意事项：
> 坚持每天学习，不要间断。
> 复习是记忆的关键，一定要按照计划进行复习。
> 将单词学习融入日常生活中，例如，用英语描述身边的事物、用英语写日记等。
> 保持积极的学习态度，相信自己一定能成功！
> 祝你学习顺利！

（一）听说训练

DeepSeek可以与第三方语音插件或应用相结合，能根据青少年的英语水平，生成合适的听力材料，涵盖基础对话和高难度学术讲座。

DeepSeek能提供大量听力原文材料和练习题，覆盖多种场景和难度级别，学生可选择适合自己的听力材料。它还支持情景对话模拟，如餐厅点餐、机场问路等，让学生提高应变能力，就像有自己专属的外教一样。

在口语练习方面，DeepSeek提供多种口语训练文本资源。DeepSeek会根据学生的口语水平，推荐合适的口语题目。学生可通过模仿和学习标准发音，提升口语表达能力。例如，提示语："你现在是哪吒，请用初中一年级能读懂的英语给我讲讲你的师傅。"DeepSeek的回答如下所示。

> **DeepSeek实训：给我生成一篇哪吒谈论他师傅的初中一年级练习**
>
> Hey! I'm Nezha, and today I'll tell you about my master in simple English! My master's name is Taiyi Zhenren.He's a very powerful and wise teacher.Let me tell you more about him!
>
> 1.Who is Taiyi Zhenren?
>
> He is a god: Taiyi Zhenren is a great immortal from heaven.He knows a lot about magic and fighting.
>
> He is my teacher: he taught me how to use my powers and how to be a hero.
>
> 2.What does he look like?
>
> Long white beard: he has a long, white beard, just like a wise old man.
>
> Kind face: he always smiles and looks very kind.
>
> 3.What did he teach me?
>
> Magic skills: he taught me how to use my magic weapons, like my fire-tipped spear and wind fire wheels.
>
> Fighting skills: he taught me how to fight against bad guys and protect people.
>
> Be brave and kind: he always tells me to be brave, help others, and do the right thing.
>
> 4.Why is he special?
>
> He saved my life: when I was born, I was very special, but some people were scared of me.Taiyi Zhenren protected me and helped me grow up.
>
> He is like a father: he cares about me a lot and always helps me when I have problems.
>
> 5.Fun fact!
>
> He loves kung fu: Taiyi Zhenren is really good at kung fu.He even taught me some cool moves!
>
> So, that's my master, Taiyi Zhenren! He's a great teacher and a hero just like me! If you want to learn more about him, just ask me!

（二）阅读理解

　　DeepSeek能提供大量的英文阅读材料和练习题，涵盖各种文体。学生可以选择适合自己水平的阅读材料进行练习。DeepSeek还具备文本分析功能，能够对文章结构、主题和语言特点进行详细解析，帮助学生深入理解文本内容。此外，DeepSeek还会根据学生的阅读表现，推荐相关的背景知识拓展和扩展阅读材料，拓宽学生的阅读面。

　　DeepSeek帮助青少年分析各类英语文章，对文章中的长难句进行语法解构，详细解释句子成分和结构，帮助学生理解复杂的语法现象。同时针对文章内容，提出一些让学生深度思考的问题，引导学生理解文章主旨、作者意图以及挖掘隐含信息，提高理解的深度和批判性思维能力。

当学生在阅读一篇关于环保的议论文时，DeepSeek不仅能帮助学生理解文中的生词和复杂句式，还能引导学生分析作者的论证逻辑和论据使用情况，更好地把握文章核心观点。

在学习语法时，如果学生遇到不理解的内容，就可以向DeepSeek请教："一般现在时的用法是什么？请通过示例帮助我理解。"

DeepSeek会通过详细的解释和示例，帮助青少年掌握语法规则。它的回答如下所示。

DeepSeek实训：关于英语中一般现在时的用法

一般现在时是英语中最基本的时态之一，用于描述习惯性动作、普遍真理、当前状态或事实。以下是其用法及例句。

1.表示习惯性或经常发生的动作
用于描述经常发生的动作或日常习惯，常与频率副词（如always, often, usually, sometimes, never等）连用。例句：
I get up at 7 o'clock every day.（我每天7点起床。）
She drinks coffee in the morning.（她早上喝咖啡。）
They play football every weekend.（他们每周末踢足球。）

2.表示普遍真理或客观事实
用于描述科学事实、自然规律或普遍认可的事实。例句：
The sun rises in the east.（太阳从东方升起。）
Water boils at 100 degrees Celsius.（水在100摄氏度时沸腾。）
Cats love fish.（猫喜欢鱼。）

3.表示当前的状态或特征
用于描述人或事物的当前状态、特征或能力。例句：
He is a teacher.（他是一名老师。）
This cake tastes delicious.（这个蛋糕很好吃。）
They live in New York.（他们居住在纽约。）

4.表示按计划或时间表安排的事情
用于描述按计划、时间表或固定安排发生的事情，通常用于交通工具、课程、活动等。例句：
The train leaves at 8 p.m. tonight.（火车今晚8点出发。）
The meeting starts at 10 a.m. tomorrow.（会议明天上午10点开始。）
School begins in September.（学校9月开学。）

> **DeepSeek实训：关于英语中一般现在时的用法**
>
> 5.用于格言、谚语或名言
> 一般现在时也常用于表达格言或谚语。例句：
> Practice makes perfect.(熟能生巧。)
> Actions speak louder than words.(行动胜于言语。)
> Time waits for no one.(时间不等人。)
> 6.在时间或条件状语从句中表示将来
> 在时间状语从句（如when, after, before, until等）或条件状语从句（如if, unless等）中，一般现在时可以用来表示将来的动作。例句：
> I will call you when I arrive at the station.(我到车站后会给你打电话。)
> If it rains tomorrow, we will stay at home.(如果明天下雨，我们就待在家里。)
> She will wait until he comes back.(她会等到他回来。)
> 7.总结：
> 一般现在时的核心是描述习惯、事实、状态或规律。注意主语为第三人称单数时，动词需要加-s或-es（如：He plays, She watches）。
> 希望这些例句能帮助你更好地理解一般现在时的用法！如果有其他问题，欢迎随时提问！

（三）英文写作

DeepSeek能提供了写作指导。DeepSeek可以根据学生的写作水平，推荐合适的写作题目和范文。学生可以通过模仿和学习优秀范文，大幅提高自己的写作技巧。

DeepSeek为英语写作提供了强大的辅助功能。根据给定的主题，它能生成写作大纲和思路，为学生搭建写作框架。学生在写作过程中，它能实时为学生检查作文的语法错误、拼写错误，并给出词汇和句式的优化建议。学生完成写作后，它还能对文章进行综合评价，从内容丰富度、逻辑连贯性、语言准确性等多个维度给出详细反馈和评分，帮助学生不断改进自己的文章，提高写作能力。

假如学生要写一篇关于"My Hobbies"的作文，DeepSeek可以提供相关的词汇、短语和句型示例，比如"be keen on""take up"等，还能指出文章中逻辑不清晰或者段落之间过渡不自然的地方，并给出改进建议。

二、学习其他外语

对于学习其他外语的青少年,DeepSeek同样具有重要价值。以日语学习为例,它能通过详细的语法解释和大量例句,让学生理解日语复杂的语法体系。它还能提供日语文章和对话材料,辅助学生进行阅读和听力训练,DeepSeek就像一个多语言学习的全能助手,为学生打破语言学习的壁垒,助力青少年在不同语言的学习中取得长足进步。

第五节 自主学习:如何用DeepSeek自学成才

DeepSeek是一款强大的AI工具,可以帮助你在各个领域实现自主学习。无论是学习新技能、专业知识,还是解决复杂问题,DeepSeek都能成为你的得力助手。

一、利用DeepSeek进行自主学习的全流程

(一)明确学习目标

在开始学习之前,明确你的学习目标非常重要。DeepSeek可以帮助你制定清晰的学习计划。步骤为:

· 告诉DeepSeek你的学习领域,如编程、语言学习、数学等。

· 设定具体目标,如"学会Python基础"或"通过大学英语四级考试"。

· 让DeepSeek为你制定学习计划,包括时间安排和学习资源。

(二) 获取高质量学习资源

DeepSeek可以为你推荐最合适的学习资源，包括图书、课程和文章。步骤为：

· 向DeepSeek描述你的学习需求，如"我想学习数据分析"。

· DeepSeek会推荐相关资源，如Coursera课程、经典图书或云课堂频道。

· 根据推荐，选择适合自己的资源，开始学习。

(三) 实时答疑解惑

在学习过程中，遇到问题可以随时向DeepSeek求助。步骤为：

· 将问题详细描述给DeepSeek，如"Python中的列表和元组的区别"。

· DeepSeek会提供详细的解答，并举例说明。

· 如果问题复杂，可以要求DeepSeek分步骤解释。

(四) 练习与反馈

学习离不开练习，DeepSeek可以生成练习题并提供反馈。步骤为：

· 告诉DeepSeek你需要练习的内容，如"我想练习英语听力"。

· DeepSeek会生成练习题，如完形填空题。

· 完成练习后，将答案提交给DeepSeek，它会给出反馈和改进建议。

(五) 制定复习计划

复习是巩固知识的关键，DeepSeek可以帮助你制定科学的复习计划。步骤为：

·告诉DeepSeek你的学习内容和进度。

·DeepSeek会根据艾宾浩斯遗忘曲线，为你制定复习时间表。

·定期复习，确保牢固掌握知识。

（六）项目实践与成果展示

在项目的实践中，DeepSeek可以指导你完成项目并优化成果。步骤为：

·选择一个项目，如"用Python做一个简单的网页"。

·DeepSeek会提供项目思路、技术指导和代码示例。

·完成项目后，让DeepSeek帮助你优化代码或提出改进方案。

（七）持续学习与进阶

学习是一个持续的过程，DeepSeek可以帮助你不断进阶。步骤为：

·定期与DeepSeek讨论你的学习进展。

·让DeepSeek推荐更高阶的学习内容，如"从Python基础到机器学习"。

·探索新领域，拓宽知识面。

通过以上方法，你可以充分利用DeepSeek实现自主学习，逐步成为某个领域的专家！

二、用DeepSeek学习Python编程

目标设定：告诉DeepSeek"我想在3个月内学会Python基础"。

资源推荐：DeepSeek推荐《Python编程：从入门到实践》和

Codeca-demy平台的Python课程。

答疑解惑：遇到问题随时提问，如"Python中的lambda函数是什么？"

练习与反馈：完成DeepSeek生成的练习题，如"写出求Python列表的平均值的代码"。

复习计划：DeepSeek制定复习时间表，确保你掌握重要概念。

项目实践：完成一个小项目，如"用Python分析CSV数据"。

进阶学习：DeepSeek推荐你学习数据分析和机器学习相关的内容。

小贴士：

·保持好奇心：多问DeepSeek"为什么"和"怎么做"，深入理解知识。

·定期总结：每周总结学习成果，与DeepSeek讨论改进方向。

·分享成果：将你的学习成果分享给他人，获得反馈和鼓励。

第五章

DeepSeek激发你的创造力

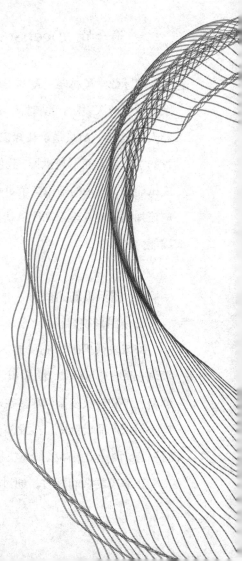

正如爱因斯坦所言："想象力比知识更重要，因为知识仅限于我们现在知道和理解的一切，而想象力涵盖了整个世界，以及未来所知道和了解的一切。"想象力带来充满无限可能的空间，让我们超越已知，探索未知。从这个角度而言，AI还无法替代人类。由此可以推断，在想象力和创造性上，人类比AI更智能。

第一节　DeepSeek如何激发你的创造力？

国际数学奥林匹克竞赛美国国家队的教练、卡内基梅隆大学数学系教授罗博深表示："AI时代，教育不是培养训练机器的能力，而是培养人的能力。"AI只是承载知识的工具，不是知识的主人，正如接受教育的学生是人而不是机器，我们应更加重视培养学生的思维而不只是应试能力。未来的知识竞争更多的在于创造能力的竞争，我们的教育应该加强探索性学习和团队协作能力的培养，更加重视受众的创新思维能力。

一、创新机制的概念

（一）跨域映射机制

跨域映射机制（Cross-Domain Mapping Mechanism）是一种将不同领域（源域和目标域）的知识、概念或方法进行映射的机制，以激发创新思维和解决复杂问题。在产品设计中，通过将自然界的现象或结构映射到产品设计中，激发新的设计思路。例如，通过观察鸟类的飞行姿态，设计出更高效的飞机机翼结构。

在解决复杂问题时，通过将已知领域的解决方案映射到新领域，找到解决问题的新方法。例如,在医学研究中,通过将化学领域的反应机制映射到生物医学领域,开发出新的药物治疗方法。

在教育和培训中,通过将一个领域的知识有效地转移到另一个领域,可以促进跨领域的学习和创新。例如,在计算机科学教育中,通过将数学概念映射到编程实践中,帮助学生更好地理解和掌握编程技巧。

(二)其他几种创新机制

概念嫁接策略(Conceptual Grafting Strategy,CGS)是一种创新思维方法,旨在通过将不同领域或概念中的元素相互结合,创造出全新的想法或解决方案。这种方法特别适合用于产品开发、市场营销、品牌建设等多个方面。它鼓励打破常规思维模式,探索跨界的灵感来源,从而激发创意并解决复杂问题。

知识转移技术(Knowledge Transfer Technology,KTT)是指一系列方法和技术,旨在有效地将知识从一个实体转移到另一个实体。这种转移可以发生在个人之间、组织内部或组织之间,目的是提高效率、创新能力和竞争力。在不同的应用场景中,知识转移可以通过多种形式实现,包括但不限于培训、文档分享、岗位轮换、导师制度以及利用信息技术工具等。

随机组合机制(Resource-Based Creative Methodology,RCM)是一种在算法、游戏设计、营销活动等场景中常用的机制,它通过随机的方式将不同的元素、选项或者参与者进行组合,以达到特定的目的。

极端假设策略(Extreme Hypothesis Strategy,EHS)是一种在决策制定、风险评估和创新思维训练中采用的方法。它通过考虑极端情况下的假设来挑战常规思维，揭示潜在的问题或机会，从而更好地应对未来可能出现的极端情况。

多重约束策略（Multiple Constraint Strategy，MCS）是一种在项目管理、资源分配和决策制定中常用的方法，涉及在多个限制条件下寻找最优解，要求决策者在面对复杂问题时，同时考虑多个相互制约的因素，以达到目标或解决方案的最佳平衡。

二、利用DeepSeek实现创新机制的落地

上面讲了一些创新的思维和机制，那该怎么应用起来呢？下面，以"用随机组合机制，为一家咖啡馆策划创意营销活动"为例。

DeepSeek实训：为一家咖啡馆用RCM来创意营销活动
提示语： 假设要为一家咖啡连锁店设计一个创新的营销活动，可以使用随机组合机制来激发创意，元素库构建如下所示。 咖啡相关：豆种、烘焙、萃取、风味。 文化艺术：音乐、绘画、舞蹈、文学科技：AR、VR、AI、物联网。 环保：可持续、回收、碳中和、生物降解。 社交：社交媒体、直播、社区、互动。 DeepSeek的回答如下： RCM是一种基于资源的创意方法，通过组合不同领域的元素来激发创新。以下是基于随机组合机制的咖啡连锁店营销活动设计。 1.活动主题 咖啡宇宙：探索风味与艺术的无限可能 2.活动元素组合 核心元素：咖啡＋文化艺术＋科技＋环保＋社交 3.活动内容设计 （1）咖啡风味艺术展 元素组合：咖啡风味＋绘画＋AR 活动形式： 与本地艺术家合作，将不同咖啡豆的风味（如花香、果香、坚果香）转化为视觉艺术作品。 使用AR技术，顾客通过手机扫描画作，可以看到咖啡豆的产地故事、烘焙过程和风味特点。

DeepSeek实训：为一家咖啡馆用RCM来创意营销活动

亮点：
艺术与科技结合，提升顾客体验。
通过AR互动，增加趣味性和传播性。

（2）咖啡音乐快闪店
元素组合：咖啡萃取＋音乐＋社交媒体
活动形式：
在店内设置"音乐萃取角"，顾客可以选择不同音乐风格来搭配咖啡萃取过程。
每种音乐风格对应一种萃取方式，如手冲、冷萃、意式浓缩，并搭配专属风味卡片。
顾客可以录制短视频分享到社交媒体，参与咖啡音乐之旅相关话题的挑战。
亮点：
通过音乐与咖啡的结合，创造独特的感官体验。
社交媒体互动，提升品牌曝光。

（3）碳中和咖啡实验室
元素组合：咖啡豆种＋环保＋物联网
活动形式：
推出"碳中和咖啡系列"，每杯咖啡附带一个二维码，顾客扫码可查看咖啡豆的碳足迹和碳中和认证。
在店内设置"咖啡实验室"，展示可持续种植、烘焙和包装技术。
使用物联网设备实时监测咖啡豆的储存环境，如温度、湿度，并通过大屏幕展示数据。
亮点：
环保主题吸引注重可持续发展的顾客。
科技展示，提升品牌专业形象。

（4）文学咖啡沙龙
元素组合：咖啡风味＋文学＋社区互动
活动形式：
每月举办一次"文学咖啡沙龙"，邀请作家或文学爱好者分享与咖啡相关的故事或作品。
每期沙龙推出一款限定咖啡，风味与文学作品主题相匹配，如《百年孤独》搭配热带风味的咖啡。
顾客可以参与互动环节，分享自己与咖啡的故事或创作短篇小说。
亮点：
通过文学与咖啡的结合，打造文化氛围。
社区互动，增强顾客粘性。

（5）咖啡舞蹈快闪
元素组合：咖啡烘焙＋舞蹈＋直播
活动形式：
在店内或户外举办"咖啡舞蹈快闪"活动，舞者通过舞蹈动作模拟咖啡烘焙的过程，如翻滚、升温、冷却。
活动全程直播，观众可以通过直播间购买限定款咖啡豆或周边产品。
顾客可以参与即兴舞蹈环节，赢取免费咖啡券。

> **DeepSeek实训：为一家咖啡馆用RCM来创意营销活动**
>
> 亮点：
> 舞蹈与咖啡结合，创造视觉冲击力。
> 直播带货，提升销售转化率。
> 4.活动推广策略
> （1）社交媒体预热
> 在小红书、微博等平台发布活动预告，结合AR滤镜和短视频吸引关注。
> 发起话题挑战，鼓励用户分享与咖啡相关的创意内容。
> （2）KOL合作
> 邀请美食博主、艺术家、环保达人等KOL参与活动，扩大影响力。
> KOL通过直播或短视频分享活动体验，带动粉丝参与。
> （3）社区互动
> 在店内设置"咖啡创意墙"，顾客可以写下对活动的建议或创意，优秀的创意可获得奖励。
> 通过会员系统推送活动信息，并提供专属优惠。
> 5.活动预算与效果预估
> 预算：
> AR技术开发：10万元
> 艺术家合作：5万元
> 活动场地与设备：8万元
> 社交媒体推广：5万元
> 总预算：28万元
> 效果预估：
> 社交媒体曝光量：100万
> 新增会员：5000人
> 销售额增长：20%
> 通过以上创意营销活动，咖啡连锁店不仅可以提升品牌知名度，还能增强顾客体验和忠诚度。如果需要进一步优化或调整，请随时告诉我！

研究表明，未来创新者要具有三大核心能力：

第一，超越惯性的想象力。在AI技术发展带来诸多伦理道德问题的当下，正确的价值观如灯塔，会引导学生做出符合道德和社会利益的选择。加强道德教育，学会反思自身行为，有助于帮助学生树立正确价值观，在规则内构建全新的世界观。

第二，跨学科知识迁移能力。能够将不同领域的知识组合，创新解决问题的方案。

第三，实践驱动的工程思维。不止停留在"理论上能行"，而是让想法落地。

著名经济学家张维迎指出:"我们人类的所有进步,其实都来自人类想象力和创造力,AI本身就是我们人类用想象力和创造力创造出来的一种东西。"在他看来,AI仍然只是一种工具,因为它无法替代人类的想象力和创造力。

AI本身是基于统计和过去的知识来对一些问题作出解答。但是未来在很大程度上是靠人类去想象构建的,而AI则无法基于过去的知识来提供这些从未发生过的、来自想象力的信息。

第二节 DeepSeek与多模态内容生成

在数字时代,信息的表现形式越来越多样化,从传统的文本到图像、音频、视频等多种媒介的融合,这种现象被称为"多模态"。DeepSeek作为一款先进的大模型,不仅能够处理单一类型的数据,还能跨多种模态进行内容的理解和生成。

本节我们将探讨DeepSeek是如何实现多模态内容生成的,并了解其背后的技术原理及应用场景。

一、什么是多模态内容生成?

定义:指利用AI技术,基于一种或多种输入模式(如文本、图片、声音等),自动生成包含其他模式输出的过程。例如,根据一段文字描述生成相应的图像,或是依据一幅画生成描述性的文字。

重要性:随着互联网内容的丰富多样,用户对于个性化、交互式体验的需求日益增长。多模态内容生成技术使得创建更加丰富、互动的内容成为可能，极大地提升了用户体验。

DeepSeek团队推出的Janus-Pro模型是基于DeepSeek-LLM-1.5B-base/DeepSeek-LLM-7B-base构建的，支持384×384的图像输入，并使用特定的tokenizer进行图像生成。Janus-Pro模型的最大特点是将视觉编码分为独立通道，同时保持单一的Transformer架构进行处理。这种设计不仅解决了传统模型在视觉编码器角色上的冲突问题，还使整个系统变得更加灵活。在多项基准测试中，Janus-Pro模型的表现超越了之前的统一模型，甚至在某些任务上可以媲美专门针对特定任务设计模型。

Janus-Pro模型名称灵感源于罗马双面神雅努斯（Janus，象征对立与统一），有一种结合"双面性"或"多模态"能力的深度学习架构，是一个统一的多模态理解和生成模型。它兼容多类型输入（如图像＋文本、语音＋传感器数据等），实现跨模态交互。可应用的领域包括AI内容生成、机器人感知、医疗诊断与金融风控等。

二、Janus-Pro模型在多模态内容生成方面的应用

DeepSeek的Janus-Pro模型通过其强大的深度学习框架，在多模态内容生成领域展现了显著优势。该技术广泛应用于图像标注、视觉问答系统等领域，提升了图像内容的可理解性和可搜索性。以下是其具体应用。

文本到图像的生成：Janus-Pro模型利用生成对抗网络和变分自编码器等技术，能够根据文本描述生成高质量的图像。例如，用户输入"一只在草地上奔跑的金毛犬"，它可以生成相应的图像，且细节丰富、符合语义。通过预训练模型和迁移学习，它能够快速适应不同领

域的文本到图像生成任务，如广告设计、游戏场景生成等。

图像到文本的生成： 它能够从图像中提取关键信息，并生成相应的文本描述。例如，给定一张风景照片，它可以生成"蓝天白云下的青山绿水"这样的文字描述。

音频与视频的生成： 它支持从文本或图像生成音频或视频内容。例如，根据一段文字描述生成相应的语音播报，或根据一系列图像生成动态视频。在虚拟现实（VR）和增强现实（AR）领域，它的多模态生成能力为沉浸式体验提供了技术支持。

三、多模态交互的应用场景

DeepSeek的多模态技术展现出了显著的跨行业应用价值，不仅提升了各行业的运营效率，更推动了传统行业的智能化转型。

（一）农业

农作物病虫害预测与防治： 利用DeepSeek的图像识别技术，可以对农作物的病虫害进行精准预测，并实现智能灌溉。例如，通过对农作物叶片的图像分析，DeepSeek可以识别出病虫害的早期迹象，帮助农民及时采取防治措施，提高农作物的产量和质量。

自动化养殖： DeepSeek的图像识别技术可应用于自动化养殖，识别牲畜行为，提高养殖效率。

（二）制造业

生产流程优化： 在制造业中，DeepSeek可用于生产流程优化。例如，宁德时代利用DeepSeek的时序预测模型在电解液注液工序中实现工艺参数动态调整，提升了良品率并降低了成本。

质量检测： 利用DeepSeek的图像识别技术，可以对产品质量进行检测。例如，在三一重工的工程机械故障预测中，DeepSeek的振动信号分析模型可以提前预警液压系统故障，减少非计划停机时间，降低服务成本。

（三）汽车行业

智能交互体验： DeepSeek的多模态内容生成能力可以提升汽车的智能交互体验。例如，吉利汽车的星睿大模型与DeepSeek-R1模型的深度融合，为用户提供更加智能和便捷的交互体验。

智能驾驶辅助： DeepSeek的图像识别和自然语言处理技术可以应用于智能驾驶辅助系统，提高驾驶的安全性和舒适性。

（四）物流业

需求预测： 利用DeepSeek的数学模型，可以对市场需求进行预测，帮助农民更好地规划生产和销售。

智能调度： DeepSeek的智能调度功能可以优化物流配送路线和订单调度，提高配送效率，降低配送成本。

（五）广告行业

智能内容生成： DeepSeek可以生成各种营销和广告内容，如文案、图片、视频等。通过多模态内容生成，DeepSeek可以帮助企业提升营销创意和效果。

个性化推荐： 利用DeepSeek的数据分析能力，可以对用户行为和偏好进行分析，生成个性化的营销和广告内容，提高用户的参与度和转化率。

(六) 教育行业

智能化教学：DeepSeek的多模态内容生成能力可以应用于智能化教学升级。例如，通过多模态数据处理和自然语言处理，DeepSeek可以生成个性化的教学内容和辅导材料，提高教学效果。

智能教学辅助：DeepSeek的智能教学辅助工具可以为教师提供教学建议和学生学习情况分析，帮助教师更好地进行教学管理。

通过以上应用案例，可以看出DeepSeek在多模态内容生成方面具有强大的能力和广泛的应用前景。无论是农业、制造业、汽车行业，还是物流、营销和教育领域，DeepSeek都能通过多模态内容生成为各行业带来创新和变革。

第三节 写故事、编剧本：DeepSeek的创意写作

DeepSeek通过深度学习技术，能够准确理解创作者的意图和需求。无论是撰写文章、编写脚本，还是创作诗歌、小说，它都能根据输入的关键词或主题，快速生成连贯、有逻辑的文本内容。这种从想法到文本的快速转化能力，极大地缩短了创作周期，提高了创作效率。

一、DeepSeek为你写故事

DeepSeek实训：创意写作
提示语：给我写一个美国队长与哪吒相遇后的故事。
第一章 时空错位 在一个平静的午后，美国队长史蒂夫·罗杰斯正在纽约市的高楼间巡逻。突然，天空中出现了一道奇异的光芒，紧接着，一股强大的能量将他卷入了一个未知的空间。当他再次睁开眼睛时，发现自己置身于一个古老而神秘的世界——东方神话中的陈塘关。 与此同时，哪吒正在东海边与龙王三太子敖丙激战。就在他准备施展乾坤圈时，天空突然裂开，一束光芒将他也卷入了另一个时空。当他回过神来，发现自己站在一个陌生的城市，周围是高耸入云的建筑和川流不息的车辆。 第二章 初次相遇 史蒂夫在陈塘关的街道上行走，发现这里的人们穿着奇怪的服饰，语言也与他所在的世界截然不同。他试着去与当地人交流，但由于语言不通，沟通十分困难。就在这时，他听到远处传来一阵喧闹声，循声望去，发现一群村民正围着一个少年，似乎在争论什么。 那个少年正是哪吒。他刚刚从现代世界被卷入这里，正试图弄清楚自己身处何地。看到史蒂夫，哪吒感到十分惊讶，因为他从未见过如此高大、穿着奇特的外国人。 "你是谁？"哪吒用中文问道。 史蒂夫听不懂他的话，但通过手势和表情，两人逐渐明白了彼此的意图。史蒂夫指了指自己，说道："史蒂夫·罗杰斯，美国队长。" 哪吒点了点头，虽然听不懂，但他感觉这个陌生人并无恶意。两人决定暂时合作，寻找回到各自世界的方法。 第三章 共同的敌人 就在两人试图沟通时，陈塘关的天空突然变得阴沉，乌云密布。原来，龙王敖丙得知哪吒被卷入另一个世界，便趁机发动了对陈塘关的攻击。与此同时，现代世界的纽约市也出现了一股神秘的力量，一群来自东方的妖怪正在城市中肆虐。 史蒂夫和哪吒意识到，他们的世界正面临着共同的威胁。为了阻止这场灾难，他们决定联手对抗敌人。 第四章 并肩作战 在陈塘关，哪吒施展出他的神力，与龙王敖丙展开激战。史蒂夫则利用他的盾牌和格斗技巧，帮助村民们抵御妖怪的袭击。两人配合默契，哪吒的火焰与史蒂夫的盾牌相得益彰，逐渐压制了敌人的攻势。 在现代世界的纽约市，复仇者联盟也发现了妖怪的踪迹。钢铁侠托尼·斯塔克通过卫星发现了史蒂夫的信号，决定前往陈塘关一探究竟。当他抵达时，正好看到史蒂夫和哪吒并肩作战的场景。 "看来你交了个新朋友，队长。"托尼笑着说道。 史蒂夫点了点头："我们需要你的帮助，托尼。"

> **DeepSeek实训：创意写作**
>
> 第五章 时空之门
> 在复仇者联盟的帮助下，哪吒和史蒂夫终于找到了回到各自世界的方法。原来，这一切的幕后黑手是一个试图利用时空裂缝征服世界的邪恶势力。为了彻底解决问题，哪吒和史蒂夫决定联手关闭时空之门。
> 在最后的决战中，哪吒施展出他的全部神力，史蒂夫则带领复仇者联盟与敌人展开激战。经过一番艰苦的战斗，他们终于成功关闭了时空之门，阻止了邪恶势力的阴谋。
>
> 第六章 告别与友谊
> 在分别之际，哪吒和史蒂夫彼此握手致意。虽然语言不通，但他们通过行动建立了深厚的友谊。哪吒回到了陈塘关，继续守护他的家园；史蒂夫则回到了纽约市，继续履行他作为美国队长的职责。
> "希望有一天还能再见。"史蒂夫说道。
> 哪吒点了点头，虽然听不懂，但他明白这份情谊的意义。
>
> 尾声
> 这次跨越时空的相遇，不仅让美国队长和哪吒成了朋友，也让两个世界的人们意识到，无论身处何地，正义与勇气都是共同的信念。他们的故事，成了两个世界传说中的一段佳话。

每位创作者都有自己独特的风格和偏好。DeepSeek通过学习和分析创作者的创作历史和风格，能够为其提供个性化的创作建议。无论是语言风格、文本结构，还是内容主题，DeepSeek都能根据创作者的需求进行定制，让每一次创作都充满个性与魅力。这种个性化定制的能力，使得DeepSeek能够更好地满足创作者的个性化需求，提升创作满意度。

二、DeepSeek为你编剧本

除了高效的文本生成能力外，DeepSeek还能通过智能推荐和创意生成功能，为创作者提供源源不断的灵感。无论是寻找新的创作角度，还是挖掘独特的表达方式，DeepSeek都能帮助创作者打破思维定式，探索更多可能性。这使得创作者在创作过程中能够不断获得新的灵感和创意,从而创作出更加丰富多样的作品。

DeepSeek实训:为你编剧本

提示语:把《牛郎织女》故事的结局部分,写成一段电影剧本。

场景一 银河两岸
画面:
银河宽广无垠,星光点点。牛郎站在银河的东岸,肩上担着两个孩子,眼中满是焦急与不舍。织女站在银河的西岸,泪眼婆娑,手中紧握着织布的梭子。
对白:
牛郎(大声呼喊):"织女!织女!你不能走!孩子们需要你!"
织女(哭泣):"牛郎,我也不想离开你们,但天规不可违。"
画面:
天空中,王母娘娘的身影渐渐显现,她手持玉簪,神情冷峻。
对白:
王母娘娘(威严):"织女,你私自下凡,已触犯天条。今日若不回天庭,必将受到严惩!"
织女(哀求):"娘娘,求您开恩,让我与牛郎和孩子回家吧!"
画面:
牛郎试图跨过银河,但银河波涛汹涌,无法前行。两个孩子哭喊着:"妈妈!妈妈!"

场景二 喜鹊搭桥
画面:
天空中,成千上万的喜鹊飞来,它们在空中盘旋,逐渐搭成一座鹊桥,连接银河两岸。
对白:
牛郎(惊喜):"织女,快看!喜鹊来帮我们了!"
织女(感动):"这是上天怜悯我们吗?"
画面:
牛郎和织女在鹊桥上相会,紧紧拥抱。孩子们也扑向织女,一家人相聚,泪流满面。
对白:
牛郎(激动):"织女,我们再也不要分开了!"
织女(含泪):"牛郎,无论天涯海角,我都与你同在。"
场景三 王母的妥协
画面:
王母娘娘看到这一幕,神情有所缓和。她叹了口气,挥了挥手中的玉簪。
对白:
王母娘娘(叹息):"罢了,念在你们情深义重,我便允你们每年七月七日,在鹊桥上相会一次。"
画面:
牛郎和织女感激地跪下,向王母娘娘叩首。

> **DeepSeek实训：为你编剧本**
>
> 对白：
> 牛郎（感激）："多谢娘娘开恩！"
> 织女（含泪）："娘娘大恩大德，织女永世不忘！"
>
> 场景四 永恒的约定
> 画面：
> 每年农历的七月七日，银河上都会出现一座鹊桥，牛郎和织女在桥上相会，孩子们在一旁嬉戏。天空中星光璀璨，仿佛在为他们的爱情祝福。
> 对白：
> 牛郎（深情）："织女，无论岁月如何变迁，我都会在这里等你。"
> 织女（温柔）："牛郎，我们的爱，如同这银河般永恒。"
> 画面：
> 镜头缓缓拉远，银河与鹊桥在夜空中熠熠生辉，牛郎织女的身影逐渐融入星光之中。
> 旁白：
> "从此，每年农历的七月七日，成了牛郎织女相会的日子。他们的爱情故事，也成了天上人间最美的传说。"
>
> 场景五 现代的回响
> 画面：
> 现代的城市夜景，天空中繁星点点。一对年轻的情侣站在高楼的天台上，仰望星空。
> 对白：
> 女孩（感慨）："听说今晚是七夕，牛郎和织女会在鹊桥上相会呢。"
> 男孩（微笑）："是呀，他们的爱情故事真让人感动。"
> 画面：
> 镜头再次拉远，城市的灯火与星空交相辉映，仿佛"牛郎织女"的故事在现代依然流传。
> 旁白：
> "无论时代如何变迁，真挚的爱情永远值得歌颂。'牛郎织女'的故事，将永远在人们心中流传。"
> 画面渐暗，电影结束。
> 字幕：
> "谨以此片，献给所有相信爱情的人们。"

DeepSeek的创意写作能力不仅适用于文本创作，还可以扩展到音乐、绘画、视频等多媒体领域。随着AI技术的不断发展和进步，DeepSeek在AI辅助创作领域的应用前景将更加广阔。它将为创作者提供更多元化的创作支持，推动内容行业的创新和发展。

综上所述，DeepSeek以其卓越的创意写作能力，正成为越来越多创作者心中的"创意加速器"。它不仅能够帮助创作者快速生成高质量的文本内容，还能激发无限灵感，让创作变得更加轻松、高效。未来，随着技术的不断进步和应用的深入拓展，DeepSeek将会为创意写作领域带来更多的惊喜和变革。

第四节　绘画与设计：DeepSeek的视觉创意

前面我们提到过DeepSeek的Janus-Pro模型的多模态交互能力，DeepSeek有特定版本来实现多模态交互，但目前对于普通大众用户而言，是很难用到DeepSeek的多模态交互功能的，比如文生图、文生视频，这些虽然属于多模态的范畴，但目前这些功能是DeepSeek面向大众的平台无法实现的。但DeepSeek可通过文字描述，展现其视觉创意。

DeepSeek实训：测试DeepSeek的文字生图功能

提示语：请给我画一幅熊猫在骑车送外卖的图片。

很抱歉，我无法直接生成或绘制图片。不过，我可以为你详细描述这幅画面的场景，帮助你想象或指导他人绘制：

画面描述：

1.主角熊猫：

一只圆滚滚的大熊猫，戴着黄色的外卖头盔，头盔上可能还有一个可爱的小竹叶标志。

熊猫穿着外卖员的制服，背后背着一个外卖箱。

熊猫的表情憨态可掬，眼神专注，仿佛在赶时间。

2.骑车的动作：

熊猫骑着一辆小巧的电动车，车身是绿色的，象征环保。

车轮转动，车筐里可能还放着一杯奶茶或一盒外卖。

熊猫的双脚稳稳地踩在踏板上，双手握着车把，动作灵活。

> **DeepSeek实训：测试DeepSeek的文字生图功能**
>
> 3.背景环境：
> 背景是一个热闹的城市街道，周围有高楼大厦和霓虹灯。
> 街道上有其他行人或车辆，但熊猫是画面的焦点。
> 天空中可能有几朵白云，或者夕阳的余晖洒在街道上，增添温馨感。
> 4.细节点缀：
> 外卖箱上贴着一张订单，写着"紧急配送"。
> 路边可能有一只小熊猫或小兔子在招手，仿佛在等待外卖。
> 地面上有几片竹叶，象征熊猫的家乡气息。
> 如果你认识插画师，可以将这个描述分享给他们，相信能画出一幅生动有趣的"熊猫骑车送外卖"的图！

碰到以上的情况，不要着急。我们可以摘取DeepSeek生成内容中的关键部分，使用豆包来生成图片。

这说明，DeepSeek不是万能的，有的时候可能要配合其他工具和平台来共同完成任务。

截至2025年2月底，DeepSeek的核心能力是生成文本。当你要求DeepSeek"给我生成一张图片"时，DeepSeek会回复："目前，我无法直接生成或提供图片。不过，我可以帮助你描述图片，你可以根据我的描述，请专业的设计师或使用图像编辑软件来制作。"

图5.4-1 豆包生成的图片

但DeepSeek在多模态交互方面有很大的潜力，目前的状况可能很快会得到改观。

第五节　编程与科技：DeepSeek的代码辅助

在当今快速发展的科技领域，编程已成为解决问题、开发新产品以及推动创新的关键技能。然而，编写高效、无误的代码往往充满挑战。幸运的是，随着AI技术的进步，像DeepSeek这样的大模型能够为程序员提供强大的代码辅助功能，在标准编程范式中寻找创新空间，激发创造力，极大地提高了开发效率和代码质量。本节将探讨DeepSeek是如何支持编程工作的，并介绍其在代码辅助方面的具体应用。

一、DeepSeek的代码能力及其优势

（一）代码能力及应用场景

代码生成与补全：DeepSeek能够基于用户的简单指令或需求描述，自动生成高质量的代码。例如，用户只需输入"你是一个资深程序员，请编写一个Python函数，实现两个数的求和，并返回结果"，DeepSeek就能自动编写出相应的Python代码。DeepSeek还支持代码补全功能，能够在用户编写代码的过程中，提供智能的代码建议，提高编程效率。

代码优化与修复：DeepSeek能够对已有的代码进行优化，减少技术债务，提高代码质量。同时，它还能自动检测和修复代码中的错误，帮助开发者快速定位和解决问题。技术债务（Technical Debt）是软件工程中的一个概念，指为了快速交付或解决问题而采取的权宜之计，导致未来需要额外时间和资源来修复或优化。它类似于金融债务——短期获益，但长期要偿还"利息"。

快速构建前端界面：DeepSeek能够解析手绘UI草图，并自动生成HTML、CSS和JavaScript代码，极大加快了前端界面的开发效率。即使是非技术人员，也可以利用DeepSeek的代码生成功能，轻松创建网页。只要提供简单的需求描述或草图，DeepSeek就能生成所需的代码。

另外，DeepSeek的代码辅助功能支持多种编程语言，如Python、Java、C++等，满足了不同开发者的需求。

（二）技术优势

高性能与低成本：DeepSeek采用了前沿的架构和高效的训练技术，使其在保持高性能的同时，降低了成本。从而使更多的用户能够负担得起使用DeepSeek进行代码辅助。

开源与可扩展性：DeepSeek选择了全栈开源的策略，这为用户提供了更多的灵活性和可扩展性。用户可以根据自己的需求对DeepSeek进行修改，蒸馏出适合自己的小型模型，并基于这些定制模型开发出专属的应用程序。

API接口服务：DeepSeek提供了丰富的API接口服务，用户可以在各种集成开发环境中调用这些接口，实现AI辅助编程功能。例如，在Visual Studio Code中，用户可以通过安装开源AI编程辅助插件，并配置DeepSeek的API接口，来实现常用的AI编程辅助功能。

综上所述，DeepSeek的代码辅助功能在编程领域具有显著的优势和广泛的应用场景。它能够帮助开发者提升编程效率和质量，降低开发成本，是推动编程技术发展的重要工具之一。

二、DeepSeek的代码实训案例

DeepSeek实训：测试DeepSeek编程功能

提示语：请用python语言，给我写一个冒泡算法的示范程序。

```python
def bubble_sort(arr):
    """
    冒泡排序算法实现
    :param arr: 待排序的列表
    :return: 排序后的列表
    """
    n = len(arr)
    # 遍历所有数组元素
    for i in range(n):
        # 标记是否发生交换
        swapped = False
        # 最后i个元素已经排好序，无需再比较
        for j in range(0, n-i-1):
            # 如果当前元素大于下一个元素，则交换它们
            if arr[j] > arr[j+1]:
                arr[j], arr[j+1] = arr[j+1], arr[j]
                swapped = True
        # 如果没有发生交换，说明数组已经有序，提前退出
        if not swapped:
            break
    return arr

# 测试冒泡排序算法
if __name__ == "__main__":
    # 示例数组
    arr = [64, 34, 25, 12, 22, 11, 90]
    print("排序前的数组:", arr)
    # 调用冒泡排序函数
    sorted_arr = bubble_sort(arr)
print("排序后的数组:", sorted_arr)
```

代码说明：
1.bubble_sort函数：
接受一个列表arr作为输入。
使用嵌套循环实现冒泡排序：
外层循环控制遍历次数。
内层循环比较相邻元素并交换位置。
如果某次遍历没有发生交换，说明数组已经有序，提前退出循环。

> **DeepSeek实训：测试DeepSeek编程功能**
>
> 2.测试部分：
> 定义一个示例数组arr。
> 调用bubble_sort函数对数组进行排序。
> 打印排序前后的数组。
>
> 输出结果：
> 运行上述代码后，输出如下：
> 排序前的数组：[64, 34, 25, 12, 22, 11, 90]，排序后的数组：[11, 12, 22, 25, 34, 64, 90]
>
> 冒泡排序的特点：
> 时间复杂度：最坏和平均情况下下需要n^2次操作，最好情况下（数组已经有序）需要n次操作。
> 空间复杂度：仅需要常数级额外空间，是原地排序算法。
> 稳定性：稳定排序算法，相同元素的相对位置不会改变。

希望这个示例对你有帮助！如果有其他问题，欢迎随时提问。

DeepSeek的代码辅助功能极大地提升了开发效率，减少了人为错误，并促进了代码质量的提升。

然而，尽管DeepSeek能够提供强有力的支持，但它仍然需要开发者的监督和判断，以确保代码的正确性和项目的整体方向。

第六章

DeepSeek与未来职业

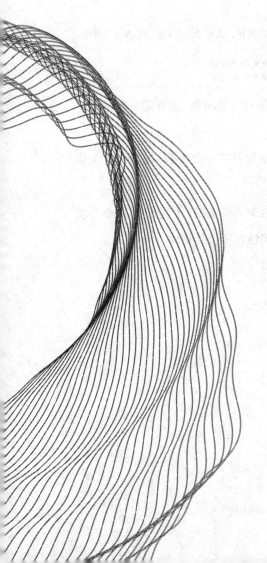

DeepSeek是一款功能强大的AI工具,能够为青少年的未来就业提供重要的参考和指导。DeepSeek通过对大量数据的分析和处理,能够预测未来就业趋势。例如,DeepSeek预测未来十年内的高薪就业方向将集中在人工智能、数据科学、生物科技、新能源等领域。这些就业方向发展前景广阔,薪资待遇优厚,为就业者提供了明确的就业方向。

面对快速变化的就业市场,许多人需要进行职业转型。DeepSeek能够为职业转型提供支持和建议,帮助个人顺利实现转型。例如,DeepSeek可以为传统行业的从业者提供转型建议,包括向新兴职业转型的方向指导,以及所需掌握的新技能和知识。

第一节 DeepSeek可能会淘汰哪些工种?

随着AI技术的快速发展,许多职业可能会受到不同程度的影响,以下是一些可能被AI取代的岗位。

重复性高、规则明确的岗位: 如数据录入员、基础会计和簿记员、流水线工人等。这些岗位的工作通常具有明确的规则和流程,AI可以快速学习并高效执行。

低技能岗位: 如收银员、快餐店员工、清洁工等,这些岗位的工作通常不需要特殊的技能,AI可以轻松替代。

部分专业服务岗位: 如律师助理、基础医疗诊断岗位和口译员等。AI可以处理大量的数据和信息,提供快速准确的服务。

运输和物流行业的部分岗位: 如出租车司机、卡车司机、快递员等。自动驾驶技术和智能物流系统的应用将减少对这些岗位人力的需求。

零售和客服行业的部分岗位： 如电话客服、零售店员等。AI可以提供24小时不间断的服务，处理常见问题和任务。

图6.1-1　机器人服务员

部分创意行业的基础岗位： 如基础平面设计师等。AI可以快速生成高质量的设计作品，满足用户和市场需求。

以下建议可以帮助你应对这些变化。

提升技能： 学习新的技能，特别是那些与AI技术相关的能力，如编程、数据分析等，以提高自己的就业竞争力。

培养创造力和批判性思维：这些能力是AI难以替代的，努力培养这些方面的能力，可以使你在未来的就业市场中更具竞争力。

关注新兴职业：随着AI的发展，也会催生出许多新的职业和就业机会。关注这些新兴领域，提前做好准备，可以增加你的就业机会。

AI的冲击并不会完全取代人类，但是会推动劳动力市场向高附加值岗位迁移。适应这一趋势的关键在于主动拥抱技术变革，培养AI无法复制的核心能力，从事战略决策、原创艺术、复杂科研等需要人类创造力的工作，以及依赖情感与信任、复杂物理操作、跨领域综合能力的工作。同时，技能升级、人机协作和终身学习也是应对AI挑战的重要策略。

总之，虽然AI的发展可能会对一些职业产生影响，但它也将创造新的机会和就业可能性。重要的是，成为终身学习者，以适应变化，应对未来的挑战。

第二节　DeepSeek能帮助你就业吗

DeepSeek可以为个人职业规划提供具体的建议和指导。通过输入一个人的简历和技能信息，DeepSeek就可以生成可视化的职业规划报告，帮助个人明确自己的职业发展方向。此外，DeepSeek还可以提供技能培训和提高能力的建议，帮助个人在职业生涯中不断提高自己的竞争力。

DeepSeek在一定程度上能为青少年的未来就业提供帮助，这主要体现在以下几个方面。

职业信息收集与分析：DeepSeek可以快速搜索并整合大量关于不

同职业的详细信息，包括岗位的工作内容、所需技能、发展前景、薪资待遇以及行业趋势等。如果你对AI领域的就业感兴趣，它就能帮你找到机器学习工程师、数据分析师等相关岗位的具体要求，以及这些岗位在不同地区、不同规模企业的发展情况，让你对该岗位有全面的认识。

技能评估与匹配： 它可以根据你已有的技能、知识和经验，评估你与不同岗位的匹配程度。比如你擅长数学和编程，DeepSeek能分析出你在软件开发、算法研究等岗位上的优势，同时能指出你在某些岗位中可能存在的技能短板，进而为你提供提升和发展的建议，帮助你确定更适合自己的职业路径。

职业发展规划建议： 基于你当前的职业阶段和目标，DeepSeek可以给出个性化的就业发展规划建议。无论是想要制定职业起步策略的职场新人，还是有一定工作经验、在考虑职业转型或晋升的人，它都能提供相应的指导，比如推荐合适的培训课程、证书考试，以及分享行业内的成功案例和经验教训。

新兴职业探索： 对于新兴的、不太为人熟知的岗位，DeepSeek能够帮助你快速了解其发展动态和潜力。随着科技的快速发展，新的岗位需求不断涌现，如元宇宙空间设计师、数据隐私专家等。DeepSeek可以为你介绍这些新兴岗位的起源、工作模式和未来发展趋势，拓宽你的职业视野，让你有机会发现更多更具潜力和创新性的职业选择。

行业洞察： 通过分析行业数据和市场趋势，DeepSeek能让你深入了解不同行业的发展前景和面临的挑战。在判断传统制造业与新兴的新能源行业哪个更具职业发展潜力时，它可以提供行业增长率、政策支持、技术创新等方面的信息，帮助你做出更明智的就业决策。

然而，DeepSeek 也存在一定的局限性。它提供的信息虽然广泛，但可能无法完全考虑个人的兴趣、价值观、性格特点等主观因素，而这些因素在就业选择中同样起着至关重要的作用。最终的就业决策还要结合自身的实际情况和主观感受，综合多方面的因素来考虑。

第三节 新兴职业：人工智能时代的机遇

那些需要高度人际交往技能、创造力或者复杂决策能力的职业相对来说不容易被 AI 取代，但是某些工作可能面临被淘汰的风险，AI 也会创造出新的就业机会，比如 AI 开发工程师、AI 伦理顾问以及专注于维护和管理 AI 系统的岗位都是新兴行业的就业领域。

随着人工智能和大数据技术的不断发展，未来就业市场将越来越依赖于具备深度学习等 AI 专业知识的人才。掌握 DeepSeek 及相关 AI 技术的青少年学生在未来将拥有更多就业机会和发展空间。

基于 DeepSeek 的能力及其对行业的潜在影响，以下几个新兴岗位可能是未来非常重要的就业方向。

AI 伦理治理师： 随着 AI 技术的广泛应用，确保算法的公平性、透明度及保护隐私将成为关键议题。AI 伦理治理师会负责制定和监督实施相关的政策和标准。

数字孪生架构师： 这类专家利用物联网、实时仿真引擎等技术构建物理系统的虚拟副本，用于预测维护和优化生产流程等领域。

细胞编程工程师： 这类工程师结合生物学与计算机科学的知识，致力于基因编辑技术和细胞疗法的研究开发，推动医学发展进步。

脑机接口体验设计师： 设计人机交互界面，特别是涉及神经信号处理的应用，如帮助残疾人士恢复运动功能或治疗精神疾病。

碳足迹审计师： 负责评估企业和产品的碳排放量，帮助企业实现绿色转型目标，满足国际环保法规要求。

新能源系统优化师： 开发设计高效能的可再生能源系统，如太阳能、风能等，并通过智能调度系统实现能源的最大化利用。

沉浸式教育设计师： 使用VR／AR等技术创建互动性强的学习环境，使学习过程更加生动有趣，增强记忆效果。

AI训练师： 负责训练和优化AI模型，确保其在不同应用场景中都有良好表现。要求掌握机器学习、数据科学和编程等方面的知识。

AI伦理顾问： 确保AI系统的使用符合伦理和法律规范，避免偏见和歧视。要求掌握伦理学、法律、AI等方面的知识。

多模态内容创作者： 利用DeepSeek生成文本、图像、音频和视频内容，应用于广告、娱乐和教育等领域。要求掌握创意写作、多媒体制作和AI工具使用等方面的技能。

掌握DeepSeek操作技能及相关AI知识的人，将拥有更多职位选择。他们可以进入数据科学、人工智能、软件开发等多个领域，此外，这些技能和知识还可以应用于金融、医疗、教育等多个行业，进一步拓宽就业道路。

尽管AI为人们提供了更多就业选择和职业发展机会，但也面临着一些挑战。例如技术更新迅速，青少年学生需要不断学习新知识以保持竞争力；AI领域也存在一定的技术门槛和难度，要付出更多努力和时间来掌握相关的技能和知识。

第四节　学习新技能：DeepSeek助理

持续学习和发展新技能对于适应未来职场的变化至关重要，DeepSeek将对你未来的职业发展起到很大的推动作用。

一方面，它能帮助你做好职业转型。对于希望从现有职位转型的人来说，掌握DeepSeek的实践技能将为你提供一个全新的起点。通过学习新技能，你可以进入自己感兴趣的领域或行业，实现职业转型。

另一方面，它使你更具竞争力。在竞争激烈的就业市场中，掌握DeepSeek的实践技能及相关专业知识的人将更具竞争力。这些人能够快速适应新技术和新挑战，成为企业争相抢夺的人才。新技能会帮助你在现有职业中脱颖而出，获得晋升和加薪的机会。

DeepSeek就像一个神奇的助手，可以帮助你迅速学习新技能。DeepSeek对技能提升的影响主要有如下三个方面。

强化数据处理与分析能力：DeepSeek涉及大量数据的处理和分析。使用DeepSeek的过程中，用户将不断提升自己在数据处理、特征提取、模型训练等方面的技能。这些技能对数据科学家、数据分析师等职位至关重要，也是未来就业市场中的热门需求。

提升编程与算法理解能力：DeepSeek的使用往往需要一定的编程基础，如Python、R等语言。用户在使用DeepSeek时，将不断加深对这些编程语言的理解，并学会如何应用深度学习算法解决实际问题。编程能力和算法理解力是软件开发工程师、机器学习工程师等职位的核心要求。

培养创新思维与问题解决能力：DeepSeek不仅是一个工具，更是一个激发创新思维的平台。用户在使用DeepSeek进行探索时，将不断面临新的挑战和问题,从而培养自己的创新思维和问题解决能力。

未来的职位将更加注重人与AI的协作。未来,人将与AI共同完成任务,比如医生与AI辅助诊断系统合作,教师与AI智能辅导系统协作。所以,以上能力是未来职场中不可或缺的,具备这些能力的人在任何职业领域都能脱颖而出。

第五节　创业与创新:DeepSeek的启发

DeepSeek的崛起对一些青少年在未来的创业与创新中给予许多启发,以下是从不同维度对DeepSeek带来的启发的详细阐述。

一、创业主体与模式的创新

非传统科技企业的创新: DeepSeek由一家从事量化投资的中国公司开发,打破了人们对AI研发主体和模式的固有认知。传统观念认为,AI大模型的研发是科技巨头的专属赛道,需要长期、持续、巨额的资金投入和技术积累。然而DeepSeek的成功表明,非传统科技企业同样可以在AI领域取得重大突破。

金融企业的跨界创新: DeepSeek的开发者将金融领域的专业知识和数据优势应用于AI研发,实现了跨界创新。其他行业的企业也可以尝试将自身的专业知识与AI技术相结合,探索新的创新路径。

二、开源生态与技术创新

开源模式的商业价值: DeepSeek选择了开源模式,与闭源模式相比,开源模式的商业利润空间可能较小,但能吸引更多参与者,有利于更大规模的创新生态的形成。这启示创业者在技术创新的同时，也要注重开源生态的建设，通过共享技术和知识，促进整个行业的进步。

技术创新的持续性：DeepSeek的成功并非一蹴而就，而是基于持续的技术创新和算法优化。这启示创业者在创新过程中要保持耐心和毅力，不断投入研发资源，推动技术的持续进步。

三、算法创新与规模经济

规模定律与规模效应的协同：DeepSeek的成功看似"降低"了规模定律的约束，但实际上是通过算法创新和技术进步来打破规模壁垒。这启示创业者在面对规模定律的约束时，可以寻求算法创新和技术进步来突破瓶颈。

外部规模经济的利用：DeepSeek的成功也得益于中国作为大国所提供的外部规模经济优势。这启示创业者可以充分利用外部规模经济带来的成本优势和创新资源，推动企业的快速发展。

四、产业链与创新链的整合与协作

产业链与创新链的整合：DeepSeek的成功离不开中国本土乃至全球产业链与创新链的有力支持。这启示创业者在创新过程中要注重产业链与创新链的整合，通过上下游协同发展，推动创新成果的快速转化和应用。

产业链与创新链的协作：在引领阶段，科学驱动型创业活动对上下游合作伙伴、科研院校等知识源提出了较高的要求。DeepSeek的成功表明，创业者要与产业链中的各方加强专业化分工与协作，形成共创、共促、共享的发展格局。

五、创新创业生态系统的建设

创新创业生态系统的构建：DeepSeek的成功离不开包容性强的创新创业生态系统。这启示创业者和政策制定者要注重创新创业生态系统的建设，通过营造包容失败的文化、提供针对性的创业服务、形成创新创业生态合力等方式，为创业者提供良好的创新创业环境。

科学家精神与企业家精神的结合：DeepSeek等优秀科技创新企业的创业者大多接受过科学知识的学习和基础研究的训练，为其持续探索并指导创业活动奠定了扎实的基础。这启示创业者要注重科学家精神与企业家精神的结合，通过持续学习和基础研究，提升创新创业的水平和质量。

以上五个方面是DeepSeek的崛起为创新与创业带来的启示。青少年在未来很可能走上自主创新与创业的道路，DeepSeek在技术创新与创业实践中积累的经验与启示，对推动中国乃至全球的创新与创业发展都具有划时代的重要意义。

第七章

DeepSeek的实用技能

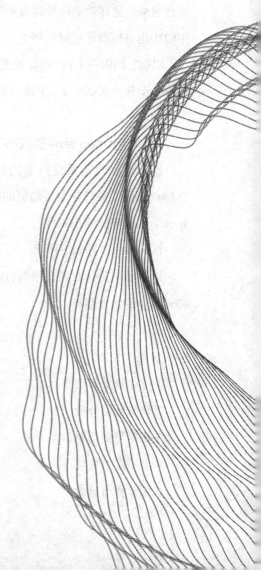

第一节　如何使用DeepSeek辅助制作PPT

DeepSeek本身是不会制作PPT的，而在制作PPT方面，KIMI是很强的。所以，我们如果想要制作PPT，可以将DeepSeek和KIMI两个工具结合起来，这样就能极其高效地制作出非常完美的PPT了。当然，只用KIMI也可以制作很好的PPT。

以前，你做一个PPT可能要五个小时，现在，如果工具运用得当，你可能十分钟就搞定了。下面我们按照顺序，分步骤给大家讲解。

一、利用DeepSeek生成PPT大纲

提示语：我是教育行业的分析师，需要结合国情和近几年教育热点，做一份行业发展趋势的PPT大纲，生成一份PPT大纲，并以Markdown的形式输出给我。

DeepSeek回答如下所示。

以下是一份针对教育培训行业的趋势分析PPT大纲，结合了国情和近几年的教育热点：

目录
1.行业背景与现状
2.政策环境分析
3.技术与创新驱动
4.市场需求变化
5.细分赛道机会

6. 未来趋势展望

1. 行业背景与现状

1.1 行业规模与增长

2022年市场规模：××万亿元

年复合增长率：××%

主要驱动因素：政策支持、消费升级、技术赋能

1.2 行业结构

K12教育

职业教育

素质教育

在线教育

教育科技

DeepSeek会在黑色窗口中生成PPT大纲，同时会给出如下的"使用说明"：

将上述Markdown内容复制到支持Markdown渲染的编辑器（如Typora、Visual Studio Code）中，即可生成清晰的PPT大纲。

每个章节可以根据需要扩展为多页PPT，添加图表、数据、案例等内容。结合实际数据和行业报告，进一步丰富内容细节。

希望这份大纲能帮助你高效完成对教育行业发展趋势的分析与展示！

二、在KIMI中生成PPT

打开KIMI官网（https://kimi.moonshot.cn/）。进入KIMI的使用界面，

在左侧栏点击"Kimi+",如图7.1-1所示。

图7.1-1　KIMI的使用界面

然后点击"PPT助手",如图7.1-2所示,粘贴刚才复制的内容。

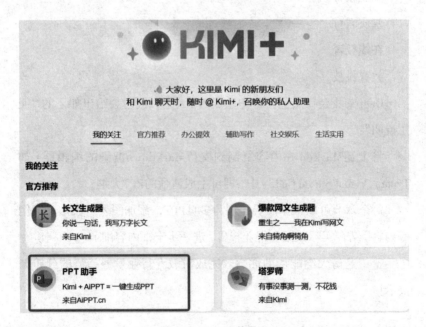

图7.1-2　KIMI+的界面

KIMI会先生成PPT的大纲(文字内容),如图7.1-3所示。

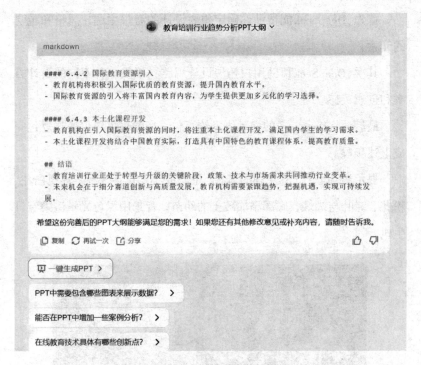

图7.1-3　KIMI+输出的文字大纲

然后选择一套符合主题的模板（颜色、风格等任选），点击右上角的按钮"生成PPT"。接下来，你会发现非常科幻的一幕，在无人操作的电脑上，PPT开始自动制作了。看看效果吧！有不满意的地方可以手动编辑，还可以替换当前主题，保存后就可以直接下载了。

第二节　使用DeepSeek辅助设计精美的海报

我们之前提到过，DeepSeek本身并不会生成图片。但是DeepSeek能在文生图之前，构思图片上的元素。为了让读者更多地掌握实用的技能，下面将介绍如何用DeepSeek和豆包来快速设计精美的海报。

首先，DeepSeek能帮助你确定想要设计的海报主题、风格和包含的元素。

其次，DeepSeek帮助用户拓展设计思路，提供多种不同的设计方案和创意灵感。

最后，将DeepSeek的提示语发给豆包，当然也可以仅通过豆包完成上述步骤。

提示语：设计立春主题的海报，中心放'立春'毛笔字，环绕白花、粉花、绿叶与蝴蝶，底部添加破土的幼苗，背景用绿色光晕渲染春日生机。

图7.2-1　豆包生成的海报

如图7.2-1所示,这就是豆包生成的关于"立春"的海报,是不是很惊艳呢?

第三节 玩转微信公众号:内容生产的提示语策略

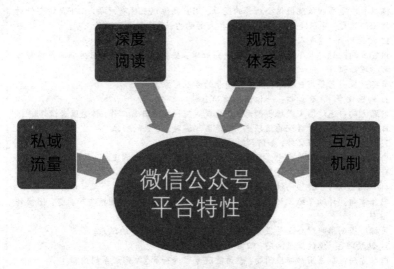

图7.3-1 微信公众号的平台特性

微信公众号具有四大核心特性:私域流量、深度阅读、规范体系和互动机制,这些特性直接影响提示语设计的策略。

私域流量: 要求提示语须保持稳定的调性,建立品牌认知。

深度阅读: 内容结构须层次分明,重视逻辑传递。

规范体系: 提示语设计须符合平台规则,避免触碰敏感词。

互动机制: 提示语优化提供数据基础,可持续迭代改进。

一、利用DeepSeek生成微信公众号文章选题

DeepSeek实训：生成微信公众号选题
提示语：请为长沙市第四医院的微信公众号设计10个选题。
长沙市第四医院的微信公众号创立于2016年7月1日，属于服务号，账号的广告语是"看病到四医，康复早回家"。现有粉丝数10余万，其中女性多于男性，老年人多于年轻人。从用户分布的情况来看，"长沙市第四医院"虽然为全国三级甲等综合医院，但微信公众号的用户来源却比较单一，主要分布在长沙市岳麓区、高新区和望城区等。 根据长沙市第四医院微信公众号的定位、用户画像以及现有问题，以下是10个针对性强的选题，旨在提升用户活跃度、扩大影响力，并增强与用户的互动。 1.[健康科普]老年人常见病预防指南 内容方向：针对老年用户群体，普及高血压、糖尿病、关节炎等常见病的预防与日常护理知识。 目标：吸引老年用户关注，提升公众号的专业形象。 2.[四医故事]医者仁心：一位医生的24小时 内容方向：通过图文或短视频形式，展现医院医生的日常工作，传递医者情怀。 目标：增强用户对医院的信任感，塑造医院温暖、专业的形象。 3.[健康课堂]季节交替，如何预防感冒？ 内容方向：结合季节变化，提供实用的健康建议，如饮食调理、运动建议等。 目标：吸引中老年用户关注，提升公众号的实用价值。 4.[四医服务]一键预约挂号，看病更轻松 内容方向：详细介绍医院微信公众号的在线挂号、缴费、查询报告等功能，附操作指南。 目标：提高用户对公众号服务功能的利用率，增强与用户的联系。 5.[健康问答]您的健康问题，四医专家来解答 内容方向：征集用户健康问题，邀请医院专家进行解答，形成系列内容。 目标：增加用户互动，提升公众号的活跃度和专业性。 6.[四医动态]新设备、新技术，守护您的健康 内容方向：介绍医院新引进的医疗设备或新技术，展示医院的医疗实力。 目标：吸引更多本地用户就诊。 7.[健康食谱]适合老年人的营养餐单推荐 内容方向：提供适合老年人的健康食谱，结合慢性病管理需求。 目标：吸引老年用户关注，提升公众号的实用性和亲和力。 8.[四医义诊]社区义诊活动预告与回顾 内容方向：预告医院的社区义诊活动，或回顾活动亮点，附参与方式。 目标：扩大医院在本地社区的影响力，吸引更多用户关注。 9.[健康提醒]体检季到了，这些项目您做了吗？ 内容方向：结合体检季，推荐适合不同年龄段用户的体检项目，附医院体检套餐介绍。 目标：吸引用户到医院进行体检，提升公众号的转化率。

> **DeepSeek实训：生成微信公众号选题**
>
> 10.[医患互动]留言有礼：分享您的健康故事
> 内容方向：鼓励用户留言分享自己的健康故事或就医体验，精选留言赠送小礼品。
> 目标：增加用户互动，提升公众号的活跃度。
> 选题设计思路：
> 1.用户画像匹配：针对老年用户较多、女性用户偏多的特点，选题侧重健康科普、实用服务和情感共鸣。
> 2.本地化聚焦：结合用户主要分布在长沙市岳麓区、高新区和望城区等特点，突出本地服务和活动。
> 3.功能推广：通过选题引导用户使用公众号的在线服务功能，提升用户体验。
> 4.互动与传播：通过问答、留言互动等形式，增强用户参与感，扩大传播范围。
> 希望这些选题能帮助"长沙市第四医院"的微信公众号提升影响力，吸引更多用户关注！

二、利用DeepSeek生成微信公众号文章内容

> **DeepSeek实训：生成公众号文章内容**
>
> 提示语：第一个选题很好。请根据这个选题，生成一篇微信公众号文章。
>
> [健康科普]老年人常见病预防指南：让健康陪伴每一天
> 随着年龄的增长，老年人的身体机能逐渐下降，一些常见疾病如高血压、糖尿病、关节炎等也悄悄找上门来。为了帮助老年朋友们更好地预防和管理这些疾病，长沙市第四医院特别整理了这份老年人常见病预防指南，希望能为您的健康保驾护航！
> 一、高血压：沉默的"健康杀手"
> 什么是高血压？
> 高血压是指血压持续高于正常值，被称为"沉默的杀手"，因为它通常没有明显症状，但会悄悄损害心、脑、肾等重要器官。
> 预防与日常管理：
> 1.饮食控制：减少盐分摄入，每日食盐量不超过5克；多吃富含钾的食物，如香蕉、菠菜等。
> 2.适量运动：每天坚持30分钟的有氧运动，如散步、太极拳等。
> 3.定期监测：家中备一台血压计，定期测量并记录血压变化。
> 4.遵医嘱服药：如果已被诊断为高血压，务必按时服药，不可随意停药。
> 二、糖尿病：甜蜜的"负担"
> 什么是糖尿病？
> 糖尿病是一种慢性代谢性疾病，主要表现为血糖升高。长期高血糖会引发多种并发症，如心脑血管疾病、肾病等。

DeepSeek实训：生成公众号文章内容

预防与日常管理：
1.健康饮食：控制碳水化合物摄入，选择低GI（血糖生成指数）食物，如全谷物、蔬菜等。
2.规律运动：每天进行30分钟的中等强度运动，如快走、游泳等。
3.血糖监测：定期检测血糖，了解自身血糖控制情况。
4.药物管理：遵医嘱服用降糖药物或注射胰岛素，不可擅自调整剂量。

三、关节炎：关节的"隐形敌人"
什么是关节炎？
关节炎是一种常见的关节疾病，主要表现为关节疼痛、肿胀和活动受限，严重影响生活质量。
预防与日常管理：
1.控制体重：减轻体重可以减少关节负担，降低关节炎风险。
2.适度运动：选择对关节友好的运动，如游泳、骑自行车等，避免剧烈运动。
3.保暖防寒：注意关节保暖，避免受凉。
4.补充营养：适量补充钙和维生素D，增强骨骼健康。

四、心脑血管疾病：健康的"头号威胁"
什么是心脑血管疾病？
心脑血管疾病包括冠心病、脑卒中等，是老年人健康的主要威胁之一。
预防与日常管理：
1.戒烟限酒：吸烟和过量饮酒是心脑血管疾病的重要危险因素。
2.健康饮食：多吃富含膳食纤维的食物，如蔬菜、水果、全谷物等。
3.控制"三高"：高血压、高血糖、高血脂是心脑血管疾病的主要诱因，须积极控制。
4.定期体检：每年进行一次全面体检，及早发现潜在风险。

五、心理健康：不容忽视的"隐形健康"
老年人常见的心理问题：
孤独、焦虑、抑郁等心理问题在老年人中较为常见。它们会严重影响生活质量。
预防与日常管理：
1.保持社交：多与家人、朋友交流，参加社区活动。
2.培养兴趣：发展兴趣爱好，如书法、绘画、园艺等，丰富生活。
3.寻求帮助：如果感到情绪低落或焦虑，请及时寻求专业心理帮助。

六、长沙市第四医院温馨提示
1.定期体检：建议老年人每年进行一次全面体检，及早发现健康问题。
2.科学用药：不可随意增减药量或停药。
3.健康生活方式：合理饮食、适量运动、戒烟限酒、心理平衡是健康的四大基石。

七、互动专区
留言有礼：您或您的家人是否遇到过以上健康问题？您是如何应对的？欢迎在评论区分享您的经验，我们将精选5位留言用户，赠送长沙市第四医院定制健康礼包一份！
长沙市第四医院始终关注您的健康，愿与您携手，共同守护美好生活！如果您有任何健康问题，欢迎随时通过公众号在线咨询或预约挂号，我们将竭诚为您服务！
关注我们，第一时间获取更多健康科普知识！

最后再做一些润色和调整，一篇高质量的公众号文章就出炉了。

第四节　如何使用DeepSeek辅助生成视频？

一、DeepSeek辅助创作脚本

提示语：给我生成视频，一只猴子在泡温泉。DeepSeek的回答如下所示。

很抱歉，我无法直接生成视频，但我可以为你提供一个详细的视频脚本和场景描述，帮助你或视频制作团队创作这个有趣的视频内容。

二、文生视频大模型

可见，DeepSeek无法生成视频。为了让读者更多地掌握实用AI技术，我们下面将介绍一些能够实现文生视频的其他大模型。

其实，中国的文生视频大模型众多，比如豆包的全线产品都很好用。下面仅列举其中的一部分。

PixVerse

厂商：爱诗科技

特点：PixVerse-V2可一次生成多个视频片段，实现单片段8秒和多片段40秒的视频生成；PixVerse-V3在性能上有所提升。

Vidu

厂商：生数科技

特点：官网提供4秒和8秒视频生成服务、分辨率高达1080P的高清视频内容，采用团队原创Diffusion与Transformer融合的架构U-ViT。

可灵AI

厂商：快手

特点：文生视频、图生视频功能强大，最长可支持2分钟视频生成，质量在国产模型中算不错的。采用类Sora的技术路线，并结合了多项自研创新技术。

MagicVideo-V2

厂商：字节跳动

特点：超高清文生视频模型，在视频的高清度、连贯性、文本语义还原等方面表现出色，将文生图像、图像生成视频、视频到视频和帧插值这4种功能整合到了一个模型中。

海螺视频

厂商：MiniMax

特点：支持原生高分辨率、高帧率视频生成，能媲美电影质感。

通义万相

厂商：阿里云

特点：上线文生视频和图生视频功能，用户输入任意提示语，即可免费生成一段高清视频。

即梦AI

厂商：字节跳动

特点：在动态表现、美学表现和精细动作生成方面表现卓越，尤其是在动画风格的生成上具有较高美感。

总体来说，中国的文生视频大模型在快速发展着，并涌现了众多优秀的模型。这些模型在性能、功能和应用场景等方面各有特点，为用户提供了丰富的选择。

第五节　如何使用DeepSeek处理社交关系

很多人并不知道，DeepSeek除了可以完成这些常识类、工作类、科研类的事务，还可以处理社交关系，让你显得情商高，更受人欢迎。下面举一个例子帮助大家理解。

场景描述： 小红和小明是非常好的朋友。小红和小明都将竞选班长。小红和小明成了竞争对手，他们将说明自己比对方更优秀。

目标： 在不伤害对方感情的情况下，妥善处理竞选班长的问题，维护关系和谐，同时保护自己拥有个人空间和选择。

DeepSeek实训：用于社交辅助

提示语：竞选班长，在不伤害对方感情和不破坏友谊的情况下，如何说明自己比自己的好朋友更优秀、更适合做班长？

竞选班长是一个展示自己能力和责任心的机会，同时也要注意维护与好朋友的关系。以下是一些策略，可以帮助你在不伤害对方感情和不破坏友谊的情况下，说明自己更适合担任班长。

1. 强调个人优势

具体事例： 列举你在班级活动、团队合作或领导能力等方面的具体表现。例如，你可以提到自己在组织活动、解决问题或协调同学方面的经验。

独特技能： 强调你具备的独特技能，如良好的沟通能力、时间管理能力或解决问题的能力，这些技能对班长工作非常重要。

2. 表达对班级的愿景

班级目标： 分享你对班级未来的愿景和计划，说明你希望如何带领班级实现这些目标。例如，你可以提到希望组织更多有趣的活动，提升班级凝聚力等。

具体计划： 提出一些具体的改进措施或活动计划，展示你对班级事务的深入思考和准备。

3. 尊重和肯定对方

肯定朋友的能力： 在表达自己优势的同时，也要肯定朋友的能力和贡献。例如，你可以说："我非常欣赏你在某些方面的能力，我相信我们都能为班级作出贡献。"

合作意愿： 表达你愿意与朋友合作，共同为班级服务的意愿。例如，你可以说："无论结果如何，我都希望我们能继续合作，共同为班级贡献力量。"

DeepSeek实训：用于社交辅助
4.保持谦逊和真诚 谦逊态度：在表达自己优势时，保持谦逊和真诚，避免过于自夸。例如，你可以说："我相信自己有能力和热情为班级服务，但我也知道还有很多需要学习的地方。" 真诚沟通：与朋友进行真诚的沟通，表达你对班长职位的热情和你的责任感，同时也要倾听对方的想法和感受。 5.展示团队精神 团队合作：强调你重视团队合作，愿意倾听和采纳同学们的意见。例如，你可以说："作为班长，我会倾听大家的意见，确保每个人的声音都被听到。" 共同进步：表达你希望与同学们共同进步，共同为班级创造更好的学习环境。 表达示例："我非常珍惜我们之间的友谊，也很欣赏你在很多方面的能力。我相信我们都能为班级作出贡献。我竞选班长是因为我有一些具体的计划和想法，希望能带领班级实现更好的发展。无论结果如何，我都希望我们能继续合作，共同为班级贡献力量。" 通过这些策略，你可以在展示自己优势的同时，维护与好朋友的关系，确保竞选过程和谐友好。

　　DeepSeek还可以帮助你提升对话技巧，提供妥善处理有问题的关系的策略，化解人际冲突，从而维护和谐的人际关系，也有助于你与老师、同学更好相处等。很多社交方面的问题，DeepSeek都可以大展拳脚。

第八章

DeepSeek的私人使用指南

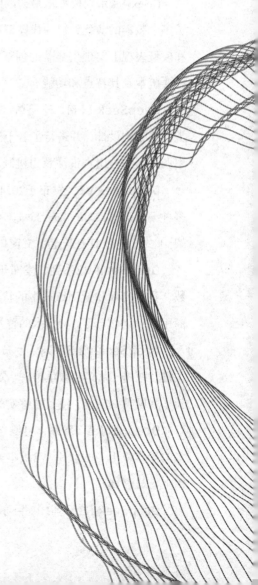

第一节　搭建自己的DeepSeek桌面助理

一、看懂DeepSeek的版本序列

DeepSeek系列模型从最初的DeepSeek-LLM到DeepSeek-V3，经历了多个版本的演化，每一代模型都在架构设计、训练算法、推理效率和模型表现上实现了显著的创新与优化。以下是DeepSeek系列模型的主要版本及其特点和功能。

DeepSeek-LLM： 这是DeepSeek系列的基础版，采用了与Llama类似的架构设计，并进行了若干优化。主要技术优化包括多阶段学习率调度器和分组查询注意力机制，以提高训练效率和模型泛化能力。

DeepSeek-V1： 发布于2024年1月，具备强大的编码能力，支持多种编程语言，如Python、Java、C++等，能够快速生成高质量的代码框架。此外，它还具有长上下文窗口，适用于技术文档处理。

DeepSeek-V2系列： 发布于2024年上半年，搭载了2360亿个参数，具有高效和低训练成本的特点。V2系列支持完全开源并允许免费商用，极大地推动了AI技术的普及。

DeepSeek-V2.5系列： 发布于2024年9月，在V2的基础上进行了关键性改进，尤其在数学推理、创作和写作领域表现更加出色。此外，新增联网搜索功能，使其能够实时抓取和分析网页信息。

DeepSeek-V3系列： 可能包含最新的功能更新和优化，支持更多的操作或更高的效率。V3版本可能在处理速度、响应时间或资源利用上有显著提升。

DeepSeek-R1系列： R1系列以推理能力著称，不同版本（如1.5B、

7B、14B等)的参数量不同,参数量越大,模型的计算能力和存储需求就越高,但也能处理更复杂的数据并生成更丰富的内容。

二、个人用户本地部署DeepSeek-R1模型

目前市面上有多种方法、多种软件(或软件的组合),可以将DeepSeek部署到本地电脑。经过笔者测试,有的需要收费激活,有的过于复杂,本书下面所述的通过Ollama进行DeepSeek-R1模型的本地部署的方法,是普遍公认最简单、可行且实用的方法。

(一)Ollama软件下载与安装

Ollama是一个轻量级的本地AI模型运行工具,可在本地运行各种开源大语言模型(如Llama、Mistral等),当然也可以用来运行DeepSeek。

进入官网https://ollama.com/download后,会看到如图8.1-1所示的界面。

图8.1-1　Ollama网页

根据你所使用的操作系统,选择一个版本进行下载。比如笔者使用Windows系统,就点击"Download for Windows"按钮,开始下载

Ollama软件。

下载和安装Ollama软件,就像下载和安装其他软件一样,在此不再赘述。

(二)验证Ollama是否安装成功

安装之后,在正常情况下,Ollama已经运行了。接下来,启动CMD命令工具。具体步骤:在以Windows操作系统为例,点击"开始"按钮,在弹出的的开始菜单中,顶部会出现一个搜索框,在搜索框中输入"CMD",搜索结果中会出现"命令提示符"作为最佳匹配项,点击它即可启动CMD命令工具。

我们可以在命令行输入"Ollama",然后敲击回车键来验证是否安装成功。

正常情况下,若Ollama安装成功且运行良好,会出现如图8.1-2所示的信息。

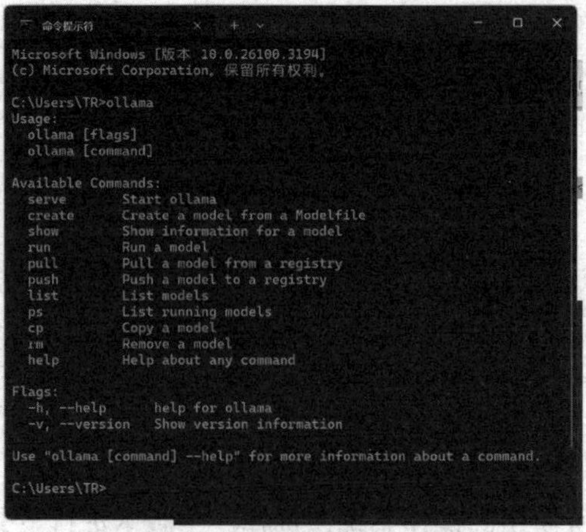

图8.1-2 Ollama运行成功的界面

（三）安装DeepSeek-R1模型

在浏览器中输入https://ollama.com，进入Ollama官方网站，可以看到首页界面如图8.1-3所示。

图8.1-3　Ollama网站首页

点击网页中部的文字链接"DeepSeek-R1"，进入DeepSeek-R1模型相关页面，如图8.1-4所示。

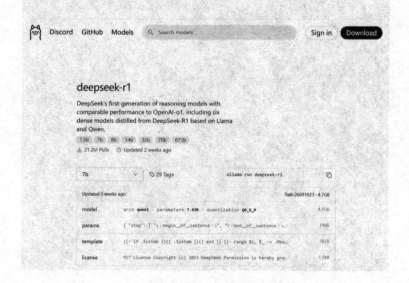

图8.1-4　DeepSeek-R1模型相关界面

DeepSeek-R1模型相关界面列出了DeepSeek-R1模型的很多个版本，比如1.5B、7B、8B、14B、32B、70B、671B，区别就是参数不一样，每个版本对应的内存大小也不一样。

如果你电脑的运行内存为8G，那可以下载1.5B、7B、8B的蒸馏后的模型，如果你电脑的运行内存为16G，那可以下载14B的蒸馏后的模型，参数越大，使用DeepSeek的效果越好。在这个界面中，你选择1.5B、7B、8B，后面会自动出现1.5B、7B、8B对应的安装命令。

笔者在这里仅作演示，若选择1.5B的模型，回到命令行提示符，输入"Ollama run deepseek-r1-1.5B"，然后敲击回车键，就可以看到DeepSeek-R1 1.5B大模型正在被下载，反馈的信息如图8.1-5所示。

图8.1-5 下载1.5B的大模型

(四)DeepSeek-r1模型在本地部署成功

DeepSeek-R1-1.5B大模型被下载后将自动安装,并且在命令行提示符最后一行出现"success"(执行成功)的提示。

这个时候,怎么才能检测DeepSeek-R1在本地部署成功了呢?你只需要输入"你是谁",然后敲击回车,若得到与图8.1-6类似的答复,则说明DeepSeek-R1模型在本地部署成功了。

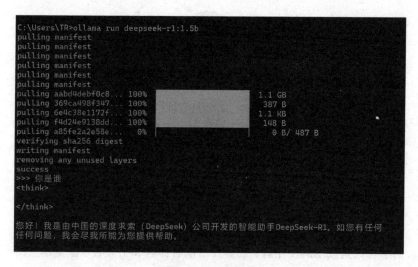

图8.1-6 开始对话

通常情况下,大模型会回复:

您好!我是由中国的深度求索(DeepSeek)公司开发的智能助手DeepSeek-R1。如您有任何问题,我会尽我所能为您提供帮助。

第二节　人机共生时代的能力培养体系

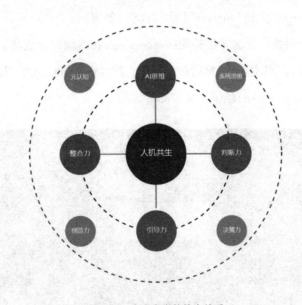

图8.2-1　未来人类的能力体系

人机共生时代，能力培养的核心在于重新定义"人"的价值。我们不再只是技术的使用者，而是技术的合作者和引导者，甚至是它的塑造者。这种转变对教育、社会和伦理提出了全新的要求，而能力培养体系的构建，必须围绕这些要求展开。

一、四大能力的培养——能力与知识并重

（一）教育必须从"知识灌输"转向"能力塑造"

传统的教育模式已经不够用了。过去，我们强调知识的积累，但在人机共生时代，知识的获取成本几乎为零，AI几秒钟就能给出答案。所以真正重要的是人类如何与机器协作，如何在复杂问题中找到突破

口。这种能力不是靠死记硬背就能培养的。

比如DeepSeek系列模型已经在教育中展现了它的潜力。它可以辅助学生生成代码框架、设计应用场景，甚至帮助特殊教育专业的学生完成研究设计。这说明AI不仅是工具，它正在成为教育生态的一部分。未来，教育的目标必须从"教会知识"转向"教会思考"，让学生具备与机器协作的能力。

（二）四大核心能力是人机共生的"底层逻辑"

在人机共生时代，有四种能力是不可或缺的：AI思维、整合力、引导力和判断力。这不仅是技术能力，更是升级认知能力。

AI思维： 理解机器的逻辑，知道它的边界在哪里。比如，AI可以生成代码，但它无法判断代码是否符合伦理规范。这种对技术边界的认知，是人类不可被替代的一个方面。

整合力： 把机器的分析能力和人类的创造力结合起来。比如，在医疗领域，AI可以分析海量数据，但医生需要把这些数据转化为对患者的诊断和治疗方案。

引导力： 主导人机协作的过程。比如，设计一个AI提示语体系，让机器更高效地完成任务，同时确保结果符合预期。

判断力： 对AI输出进行把关，评估它的价值和风险。比如，在新闻报道中，AI可以生成文章，但记者要判断内容的真实性和它可能产生的社会影响。

这些能力的培养，需要教育体系从课程设计到教学方法进行全面改革。比如，清华大学的人工智能赋能教学试点课程就通过大语言模型开发了智能助教和助学工具，帮助学生在实践中掌握这些能力。

二、伦理和价值观——未来人才评估

（一）评估体系必须从"结果导向"转为"过程导向"

如今，传统的考试模式已经无法用于测量人机共生时代人的能力。分数只能反映知识掌握的深度，无法评估一个人是否能与机器协作，是否能在复杂问题中找到解决方案。

智慧评估是一个很好的方法。通过多元化的方式，比如实时反馈、个性化指导，它能帮助学生在学习过程中不断调整和提高。武汉理工大学的"理工智课"平台结合AI技术实现了"无扰式评估"，让学生在不被打扰的情况下完成学习和评估。这种评估方式不仅更公平，也更符合人机共生时代的测评需求。

（二）社会需要更多的π型人才

人机共生时代，将淘汰部分"T型人才"（专深+广博），需要更多的"π型人才"（双专业纵深+跨界整合力）。

能力体系的搭建要重视垂直领域的深度、跨域协同的能力，以及人机协作的元技能。这种能力体系，不仅要求个体在某一领域具有极深的造诣，还要求他能在不同领域之间架起桥梁，并与机器无缝协作。以上这些能力是未来社会对人才的核心竞争需求。

（三）伦理和价值观是能力培养的底线

技术的进步必须以伦理为底线。在人机共生时代，AI的决策能力越来越强，但它的价值判断能力依然有限。这就要求人类在培养自身能力的同时，始终把伦理和价值观放在首位。

有的公司通过AI提炼专家的隐性知识，帮助新手医生降低失误率。但这种技术的应用，必须确保不会侵犯患者的隐私，也不会导致医疗资源的不公平分配。能力培养体系必须教会学生如何在技术应用中平衡效率与伦理。

（四）人机共生的本质是人的重塑

人机共生时代的能力培养最终指向的是对人的重塑。我们要重新定义人类的独特价值，找到与机器共生的平衡点。

这种重塑不仅是技术层面的，也是社会和文化层面的。有的公司的通过虚实融合的场景，用沉浸式学习训练工程师在复杂任务中的人机协作能力，不仅提高了个体的能力，也推动了整个社会的智慧化转型。

人机共生时代要求我们从教育目标、技术赋能、评估体系、社会需求和伦理规范五个方面全面重塑教育。最终，我们培养的不是适应机器的人，而是能与机器共生、共同塑造未来的人才。

第三节　DeepSeek实践工具、社区与资源

一、官方资源与开发环境

官方网站： DeepSeek的官方网站提供了全面的信息和资源，包括模型介绍、API文档、提示词库等。网址是https://www.deepseek.com/。

对话平台： 通过https://chat.deepseek.com/网址可以直接与DeepSeek进行对话，体验其智能交互功能。

API开放平台： 开发者可以访问https://platform.deepseek.com/，获取API相关的信息和服务。

应用下载：在各大应用市场搜索"DeepSeek"即可下载官方应用，也可以在官网https://download.deepseek.com/app/上下载。

社交媒体账号：DeepSeek在微信公众号、小红书和X（Twitter）等平台都有官方账号，用户可以关注以获取最新动态和信息。

GitHub主页：在https://github.com/deepseek-ai网址可以找到DeepSeek的开源项目，包括DeepSeek-V3、DeepSeek-R1等。

API文档：详细的API文档地址是https://api-docs.deepseek.com/zh-cn/。

提示词库：在https://api-docs.deepseek.com/zh-cn/prompt-library网址可以获取DeepSeek的提示词库，帮助用户更好地利用模型。

学术论文：DeepSeek的论文可以在其官网找到，包括DeepSeek-V3和DeepSeek-R1的相关研究。

状态监控：通过https://status.deepseek.com/网址可以查看DeepSeek的服务状态。

HuggingFace页面：在https://huggingface.co/deepseek-ai网址可以找到与DeepSeek相关的资源和信息。

其他还可能用到的学习与开发工具、数据处理与分析相关的内容，包括编程语言与框架（如Python、TensorFlow/PyTorch）、开发环境（如Jupyter Notebook、VS Code）、数据处理与分析工具（如Pandas、NumPy）等。

二、应用工具与实践平台

DeepSeek Engineer：这是一个编程辅助工具，与DeepSeek API集成，能够处理用户对话并生成结构化的JSON响应。它具有直观的命令行界面，可以读取本地文件内容、创建新文件，以及实时应用于现有文件的差异编辑。

GitHub地址是：https://github.com/doriandarko/deepseek-engineer。

DeepSeek复现项目：包括Open-R1、simpleRL-reason、TinyZero和Unlock-DeepSeek等项目，这些项目对DeepSeek的某些功能或模型进行了复现和扩展，为开发者提供了更多的参考和实践机会。例如，Open-R1是HuggingFace对DeepSeek-R1整个过程的复现，包括训练数据、脚本等，旨在完整复刻DeepSeek-R1的技术路径。

DeepSeekAI浏览器扩展插件：这是一个非官方的浏览器扩展插件，基于DeepSeek API，为用户提供智能的网页交互体验。通过简单的文本选择即可获得AI驱动的实时响应，让网页浏览体验更加智能和高效。

GitHub地址是：https://github.com/DeepLifeStudio/DeepSeekAI/。

DeepSeek iOS客户端：基于SwiftUI开发的DeepSeek API移动端的AI应用，通过DeepSeek强大的大语言模型能力，为用户提供流畅的AI对话体验。支持实时对话、多轮交互、历史记录管理、自定义提示语等功能。

GitHub地址是：https://github.com/DargonLee/DeepSeek。

其他与应用工具与平台、实践与案例相关的，还包括AI模型训练与部署平台（如Google Colab、HuggingFace）、API调用与集成工具（如Postman、FastAPI）、数据可视化工具（如Matplotlib、Seaborn、Tableau、Power BI）、AI应用案例（如智能客服、个性化推荐）、数据科学项目资源（如Kaggle数据集、Scikit-learn官方文档）等。

三、社区资源

实用集成项目Awesome DeepSeek Integrations汇总了DeepSeek API集成应用，旨在将DeepSeek API与多种流行软件无缝整合。项目涵盖了桌面应用、浏览器插件、开发工具、即时通信插件等多种场景，帮助用户在不同平台上使用DeepSeek的强大功能。其在GitHub的具体地址为：https://github.com/DeepSeek-ai/awesome-DeepSeek-integration。

其他资源与社区、优化与调试工具包括在线课程平台（如Coursera、edX）、技术博客与论坛（如Medium、Stack Overflow）、开源项目平台（如GitHub、Kaggle）、模型优化工具（如Hyperopt、Optuna）、调试与性能分析工具（如PyCharm、cProfile）、技术社区（如DeepSeek官方社区、Reddit）和开发者支持渠道（如Stack Overflow、GitHub Issues）。

第四节 DeepSeek实践中的团队协作

在DeepSeek模型的实践应用中，高效的团队协作是实现项目成功的基石。以下是一些关键的协作策略，能够助力团队充分发挥DeepSeek的潜力，推动项目的顺利开展。

明确分工与目标： 团队成员应清晰了解各自的职责和任务，从算法研究、数据处理、模型训练到应用开发等环节，都要明确界定。同时，共同制定明确、可衡量、可实现、相关联、有时限的目标，确保大家朝着同一方向努力。比如，在进行基于DeepSeek系列模型的图像识别项目时，算法工程师专注于模型的优化和改进，数据分析师负责收集、清洗和标注图像数据，开发工程师则负责将模型集成到实际应用中。

沟通机制：建立定期的团队会议（如每日站会、每周进度汇报会等），让成员们分享工作进展、遇到的问题和解决方案。使用即时通讯工具（如Slack、企业微信等）进行日常沟通，确保信息及时传递。对于重要决策和复杂问题，通过专门的会议进行深入讨论和决策。比如，在模型训练过程中发现数据存在偏差，数据分析师可以及时通过即时通讯工具告知算法工程师，然后在每日站会上共同讨论解决方案。

代码与数据管理：采用版本控制系统（如Git）对代码进行管理，方便团队成员协同开发、跟踪代码变化和解决冲突。对于数据，建立统一的数据存储和管理平台，确保数据的一致性和安全性。同时，制定数据使用规范，明确数据的获取、处理和共享流程。比如，所有数据都存储在公司的云存储平台上，团队成员按照规定的权限访问和使用数据。

知识共享与学习：DeepSeek相关技术在不断发展，团队成员要不断学习和更新知识。可以组织内部技术分享会，让成员们分享自己的研究成果、实践经验和学习心得。建立知识文档库，记录项目中的技术要点、问题解决方案和最佳实践，方便成员们查阅和学习。比如，定期举办DeepSeek系列模型优化技巧的分享会，让算法工程师分享自己在模型训练过程中的优化经验。

项目管理工具：使用项目管理工具（如Jira、Trello等）对项目任务进行管理和跟踪，明确任务的优先级、负责人和截止日期。通过可视化的界面，团队成员可以清晰地了解项目的整体进度和各个任务的完成情况。比如，在Jira中创建项目任务，设置任务的状态（如待办、进行中、已完成等），并实时跟踪任务的进展。

跨部门协作： 在实践中，可能要与其他部门（如产品部门、市场部门等）进行协作。与产品部门合作，了解产品需求，确保技术方案能够满足产品的功能和性能要求；与市场部门合作，了解市场动态和用户需求，为产品的推广和使用提供支持。比如，与产品部门共同确定产品的功能特性，与市场部门合作进行产品的市场调研和用户反馈收集。

风险管理： 团队要识别项目中可能出现的风险，如技术难题、数据安全问题、进度延误等，并制定相应的风险应对措施。定期对风险进行评估和监控，及时调整应对策略。比如，在项目开始前，对可能出现的技术难题进行分析，制订备选方案；在项目进行过程中，定期检查数据安全措施的执行情况，确保数据的安全。

通过以上这些方面的团队协作，可以提高DeepSeek实践的效率和质量，促进项目的顺利实施和成功应用。

第五节　调用DeepSeek API，实现私有化部署

一、DeepSeek API和DeepSeek网页版的主要区别

DeepSeek API使用与OpenAI兼容的API格式，通过修改配置，你可以使用OpenAI SDK来访问DeepSeek API，或使用与OpenAI API兼容的软件。

我们要搞清楚一个问题，有了网页版，为什么还使用付费的API调用，DeepSeek的部分回答如图8.5-1所示。

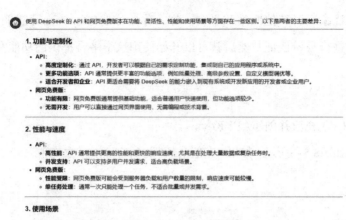

图8.5-1 为什么要调用API

二、如何调用DeepSeek的API？

（一）账号注册

DeepSeek开放平台的网址是https://platform.deepseek.com/。进入DeepSeek就可以看到如图8.5-2所示的网页界面。

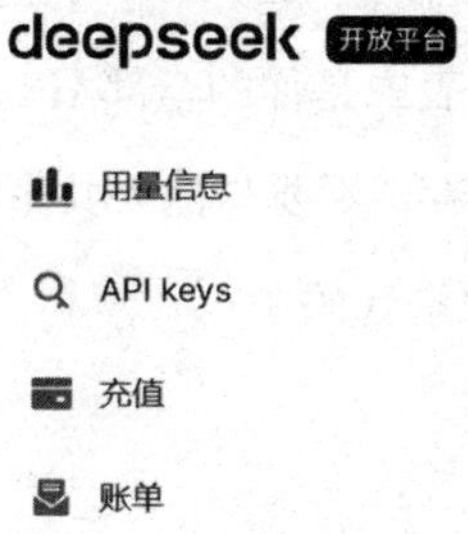

图8.5-2 DeepSeek开放平台

就像注册其他网站和平台一样,你要注册DeepSeek开放平台,并且进行身份认证。然后就可以开始使用这个平台提供的功能和服务了。

(二) 充值并创建API Keys

如图8.5-3所示,如果"充值余额"为0,请点击"去充值"。

图8.5-3 DeepSeek充值界面

充值后,进入下一步,创建API Keys。

点击左侧导航栏的菜单项"API Keys",进入创建API Keys的操作界面,如图8.5-4所示。列表内是你的全部API key,API key仅在创建时可见、可复制,请妥善保存。不要与他人共享你的API key,不要将其暴露在浏览器或其他客户端代码中。

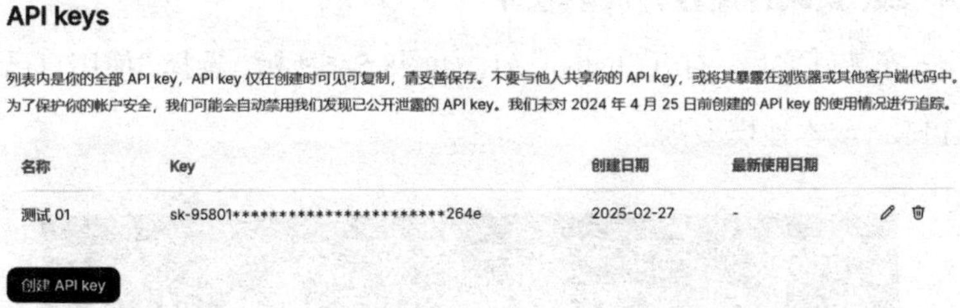
API keys
列表内是你的全部 API key，API key 仅在创建时可见可复制，请妥善保存。不要与他人共享你的 API key，或将其暴露在浏览器或其他客户端代码中。
为了保护你的帐户安全，我们可能会自动禁用我们发现已公开泄露的 API key。我们未对 2024 年 4 月 25 日前创建的 API key 的使用情况进行追踪。
名称
Key
创建日期
最新使用日期
测试 01
sk-95801************************264e
2025-02-27
-
创建 API key

图8.5-4　API Keys界面

三、下载客户端软件Chatbox

获取到官方API之后，我们需要借助第三方客户端软件来打造自己的AI桌面助手，笔者这里就介绍一个——Chatbox，如图8.5-5所示。如果想要使用其他客户端，可以在网上自行搜索下载，这里就不过多赘述了，操作步骤类似。

Chatbox AI,
办公学习好助手
Chatbox AI 是一款 AI 客户端应用和智能助手，支持众多先进的 AI 模型和
API，可在 Windows、MacOS、Android、iOS、Linux 和网页版上使用。
免费下载 (for Windows)
启动网页版
获取移动版
iOS
Android
APK
更多选项

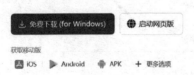

图8.5-5　Chatbox AI下载界面

请访问网址https://chatboxai.app/zh，下载Chatbox AI后进行安装。

四、安装并配置客户端软件

安装好之后，打开Chatbox AI，如图8.5-6所示，选择"使用自己的API Key或本地模型"。

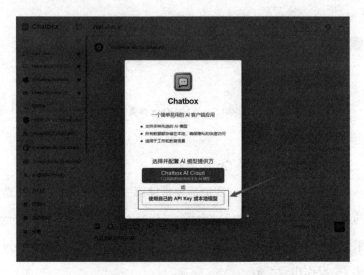

图8.5-6　Chatbox AI打开后的界面

然后下拉找到"DeepSeek API"，如图8.5-7所示。

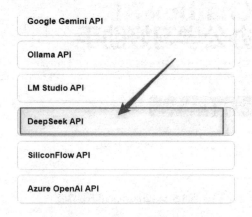

图8.5-7　选择DeepSeek API

如图8.5-8所示,将之前你在DeepSeek开放平台申请的API key复制粘贴到"API密钥"表单内,其余表单按照默认的即可。点击"保存"按钮。

图8.5-8 输入 API 密钥

五、测试后正式完成

图8.5-9 正式完成API调用

如图8.5-9所示，正式完成调用API，这时候电脑桌面端已经实现调用API使用DeepSeek，你正式拥有了自己桌面端的AI助手（手机上部署与此类似），即便不访问网页，也可以随时随地使用DeepSeek。

附录

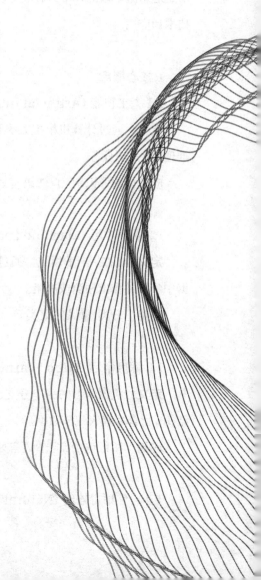

附录一　DeepSeek相关术语解释

在学习和应用DeepSeek的过程中，可能会遇到一些专业术语。以下是对这些术语的详细解释，可以帮助你更好地理解DeepSeek相关的技术和应用。

1.核心概念

1.1 人工智能（Artificial Intelligence, AI）

定义：通过计算机模拟人类智能的技术，能够执行感知、学习、推理、决策等任务。

应用：图像识别、自然语言处理等。

1.2 机器学习（Machine Learning, ML）

定义：AI的一个子领域，通过数据训练模型，使计算机能够从数据中学习并作出预测或决策。

应用：分类、回归、聚类等。

1.3 深度学习（Deep Learning, DL）

定义：机器学习的一个分支，使用多层神经网络模拟人脑的复杂结构，适合处理大规模数据。

应用：图像识别、自然语言处理等。

1.4 自然语言处理（Natural Language Processing, NLP）

定义：通过计算机处理和理解人类语言的技术，涵盖文本分析、语音识别、机器翻译等。

应用：智能客服、情感分析、文本生成等。

2.技术术语

2.1 神经网络（Neural Network）

定义：模拟人脑神经元结构的计算模型，由多个层次（输入层、隐藏层、输出层）组成。

应用：图像分类、语音识别、自然语言处理等。

2.2 卷积神经网络（Convolutional Neural Network, CNN）

定义：一种特殊的神经网络，适合处理图像数据，通过卷积层提取特征。

应用：图像识别、目标检测、视频分析等。

2.3 循环神经网络（Recurrent Neural Network, RNN）

定义：一种适合处理序列数据的神经网络，能够捕捉时间依赖性。

应用：语音识别、文本生成、时间序列预测等。

2.4 Transformer架构

定义：一种基于自注意力机制（Self-Attention）的神经网络架构，适合处理序列数据。

应用：机器翻译、文本生成、语音识别等。

2.5 预训练模型（Pre-trained Model）

定义： 在大规模数据集上预先训练的模型，可以通过微调（Fine-tuning）适应特定任务。

应用： BERT、GPT等模型在NLP任务中的应用。

3. 数据处理术语

3.1 数据集（Dataset）

定义： 用于训练和测试模型的数据集合，通常包括输入数据和对应的标签。

应用： 构建手写数字数据集和图像分类数据集等。

3.2 数据清洗（Data Cleaning）

定义： 对原始数据进行处理，去除噪声、填补缺失值、纠正错误等。

应用： 提高数据质量，提升模型性能。

3.3 特征工程（Feature Engineering）

定义： 从原始数据中提取有用特征，供模型使用。

应用： 文本分词、图像特征提取、时间序列特征提取等。

3.4 数据增强（Data Augmentation）

定义： 通过对原始数据进行变换（如旋转、缩放、翻转等），生成更多的训练数据。

应用： 提高模型的泛化能力，防止过拟合。

4.模型训练与评估

4.1 损失函数（Loss Function）

定义：衡量模型预测结果与真实值之间差异的函数。

应用：均方误差、交叉熵损失。

4.2 优化器（Optimizer）

定义：用于调整模型参数以最小化损失函数的算法。

应用：随机梯度下降等。

4.3 过拟合（Overfitting）

定义：模型在训练数据上表现很好，但在测试数据上表现较差的现象。

应用：正则化、数据增强、早停等。

4.4 交叉验证（Cross-Validation）

定义：将数据集分成多个子集，轮流使用其中一个子集作为验证集，其余作为训练集。

应用：评估模型的泛化能力。

5.应用场景术语

5.1 智能客服（Intelligent Customer Service）

定义：使用AI技术（如NLP）自动回答用户问题的系统。

应用：电商、金融、医疗等领域的客户支持。

5.2 个性化推荐（Personalized Recommendation）

定义： 根据用户的历史行为和偏好，推荐个性化的内容或产品。

应用： 电商、视频平台、新闻推荐等。

5.3 情感分析（Sentiment Analysis）

定义： 通过分析文本内容，判断作者的情感倾向（如正面、负面、中性）。

应用： 社交媒体监控、产品评论分析等。

5.4 机器翻译（Machine Translation）

定义： 使用AI技术将一种语言的文本自动翻译成另一种语言。

应用： Google翻译、DeepL等。

6. 工具与平台术语

6.1 Jupyter Notebook

定义： 一个开源的交互式编程环境，支持多种编程语言。

应用： 数据分析、机器学习模型开发等。

6.2 TensorFlow

定义： Google开发的开源深度学习框架。

应用： 图像识别、自然语言处理、推荐系统等。

6.3 PyTorch

定义： Facebook开发的开源深度学习框架。

应用： 学术研究、工业应用等。

6.4 Hugging Face
定义： 一个专注于NLP的开源社区和平台，提供预训练模型和工具。

应用： 文本生成、情感分析、机器翻译等。

7. 评估指标

7.1 准确率（Ac.curacy）
定义： 模型预测正确的样本数占总样本数的比例。

应用： 分类任务的常用评估指标。

7.2 精确率（Precision）
定义： 模型预测为正类的样本中，实际为正类的比例。

应用： 信息检索、医学诊断等。

7.3 召回率（Recall）
定义： 实际为正类的样本中，模型预测为正类的比例。

应用： 信息检索、医学诊断等。

7.4 F1分数（F1 Score）
定义： 精确率和召回率的调和平均数，综合评估模型性能。

应用： 分类任务的常用评估指标。

以上术语涵盖了DeepSeek的核心概念、技术术语、数据处理、模型训练、应用场景、工具与平台以及评估指标等多个方面。希望这些解释能帮助你更好地理解DeepSeek的技术和应用！如果有进一步的问题，欢迎随时交流！

附录二　DeepSeek相关学习资源推荐

为了帮助用户更好地掌握和应用DeepSeek，以下是一些推荐的学习资源，涵盖了从基础入门到高级应用的各个方面。这些资源可以帮助你在不同的学习阶段找到合适的学习路径和支持工具。

一、编程语言与框架

1.Python

Python是DeepSeek的核心开发语言，适合初学者和高级开发者。

推荐资源：

Python官方文档：https://docs.python.org/zh-cn/3/。

2.深度学习框架

TensorFlow和PyTorch是两个非常流行的深度学习框架，适用于开发AI模型。

推荐资源：

TensorFlow教程：https://www.tensorflow.org/tutorials。

PyTorch教程：https://pytorch.org/tutorials/。

二、开发环境

1.Jupyter Notebook

Jupyter Notebook提供了一个交互式的编程环境，非常适合数据分析和模型开发。

推荐资源：

Jupyter Notebook入门指南：https://jupyter.org/documentation。

2. VS Code

Visual Studio Code是一款轻量级代码编辑器，支持多种编程语言和插件，提高开发效率。

VS Code 官方文档：https://code.visualstudio.com/docs。

三、数据处理与分析

1. Pandas

Pandas是一个强大的Python库，用于数据清洗和分析。

推荐资源：

Pandas官方文档：https://pandas.pydata.org/docs/。

2. NumPy

NumPy是进行科学计算的基础库，支持大量的维度数组与矩阵运算。

推荐资源：

NumPy官方文档：https://numpy.org/doc/。

四、在线课程与专项培训

1. Coursera

提供了多个关于AI、数据科学、编程等领域的课程，特别适合想要深入学习Deep Learning的人士。

推荐课程：

Deep Learning Specialization：https://www.coursera.org/specializations/deep-learning。

2.edX

提供来自顶尖大学的免费和付费课程，涵盖广泛的主题，包括AI的基础知识。

推荐课程：

AI for Everyone：https://www.edx.org/course/ai-for-everyone。

五、技术博客与论坛

1.Medium

Medium上有很多高质量的技术博客，涉及AI、编程、数据科学等领域。

推荐专栏：

Towards Data Science：https://towardsdatascience.com/。

2.StackOverflow

技术问答社区，遇到编程问题时可以在这里寻求帮助。

推荐资源：

StackOverflow：https://stackoverflow.com/。

六、开源项目与平台

1.GitHub

开源代码托管平台，适合学习最新的技术和参与实际项目。

推荐资源：

GitHub Explore：https://github.com/explore。

2.Kaggle

数据科学竞赛平台，提供了丰富的数据集和代码示例，是实践技能的好地方。

推荐资源：

Kaggle Learn：https://www.kaggle.com/learn。

通过利用上述资源，你可以系统地学习如何使用DeepSeek及其相关技术栈，无论是初学者，还是希望进一步提升自己技能的专业人士，都能找到适合自己的学习材料和路径。此外，积极参与社区讨论和技术分享会极大地提升你的学习效果。

附录三　DeepSeek产品定价及扣费规则

下表所列模型价格以"百万tokens"为单位。Token是模型用来表示自然语言文本的最小单位，可以是一个词、一个数字或一个标点符号等。DeepSeek将根据模型输入和输出的总token数进行计量计费。

一、模型与价格细节

表A.3-1　模型价格表

模型	DeepSeek-Chat	DeepSeek-Reasoner
上下文长度	64K	64K
最大思维链长度	—	32K

模型		DeepSeek-Chat	DeepSeek-Reasoner
最大输出长度		8K	8K
标准时段价格（北京时间08:30—00:30）	百万tokens输入（缓存命中）	0.5元	1元
	百万tokens输入（缓存未命中）	2元	4元
	百万tokens输出	8元	16元
优惠时段价格（北京时间00:30—08:30）	百万tokens输入（缓存命中）	0.25元（5折）	0.25元（2.5折）
	百万tokens输入（缓存未命中）	1元（5折）	1元（2.5折）
	百万tokens输出	4元（5折）	4元（2.5折）

以下，是对模型价格表的说明。

1.DeepSeek-Chat模型对应DeepSeek-V3；DeepSeek-Reasoner模型对应DeepSeek-R1。

2.思维链为DeepSeek-Reasoner模型在给出正式回答之前的思考过程，其原理详见推理模型。

3.如未指定max_tokens，默认最大输出长度为4K。可调整max_tokens以支持更长的输出。

4.关于上下文缓存的细节，请参考DeepSeek官网对硬盘缓存等信息的说明。

5.DeepSeek-Reasoner输出的token数包含了思维链和最终答案的所有token，其计价相同。

二、扣费规则

扣减费用=token消耗量×模型单价，对应的费用将直接从充值余额或赠送余额中进行扣减。当充值余额与赠送余额同时存在时，优先扣减赠送余额。

产品价格可能发生变动,DeepSeek保留修改价格的权利。用户依据实际用量按需充值,定期查看此页面以获知最新价格信息。

附录四　Temperature设置与Token用量计算

一、Temperature设置

Temperature是AI模型输出时的一个重要参数,它控制着模型回答的"创造性"或"随机性"程度。可以把它理解为AI思维的"活跃度"。Temperature参数默认为1.0。DeepSeek建议您根据表A.4-1所示内容,按使用场景设置Temperature。

表A.4-1　Temperature设置

场景	温度
代码生成／数学解题	0.0
数据抽取／分析	1.0
通用对话	1.3
翻译	1.3
创意类写作／诗歌创作	1.5

二、Token用量计算

Token是模型用来表示自然语言文本的基本单位,也是我们的计费单元,可以理解为"字"或"词"。通常1个中文词语、1个英文单词、1个数字或1个符号计为1个token。

一般情况下,模型中token和字数的换算比例大致如下:

· 1个英文字符≈0.3token

· 1个中文字符 ≈ 0.6token

但因为不同模型的分词不同,所以换算比例也存在差异,每一次实际处理token数量以模型返回为准,您可以从返回结果的usage字段中查看。

你可以通过如下压缩包中的代码来运行tokenizer,用来离线计算一段文本的token用量。下载链接:https://cdn.deepseek.com/api-docs/deepseek_v3_tokenizer.zip。

附录五　首次调用API的说明

DeepSeek API使用与OpenAI兼容的API格式,通过修改配置,你可以使用OpenAI SDK来访问DeepSeek API,或使用与OpenAI API兼容的软件。

DeepSeek-Chat模型已全面升级为DeepSeek-V3,接口不变。通过指定model='deepseek-chat'即可调用DeepSeek-V3。

DeepSeek-Reasoner是DeepSeek新推出的推理模型DeepSeek-R1。通过指定model='deepseek-reasoner',即可调用DeepSeek-R1。

调用对话API

在创建API key之后,你可以使用以下示例的脚本来访问DeepSeek API。示例为非流式输出,你可以将stream设置为true来使用流式输出。

(一)cURL脚本

```
curl https://api.deepseek.com/chat/completions \
  -H "Content-Type: application/json" \
  -H "Authorization: Bearer <DeepSeek API Key>" \
  -d '{
    "model": "deepseek-chat",
    "messages": [
      {"role": "system", "content": "You are a helpful assistant."},
      {"role": "user", "content": "Hello!"}
    ],
    "stream": false
  }'
```

(二)python

```python
# Please install OpenAI SDK first: `pip3 install openai`

from openai import OpenAI

client = OpenAI(api_key="<DeepSeek API Key>", base_url="https://api.deepseek.com")

response = client.chat.completions.create(
    model="deepseek-chat",
    messages=[
        {"role": "system", "content": "You are a helpful assistant"},
        {"role": "user", "content": "Hello"},
    ],
    stream=False
)

print(response.choices[0].message.content)
```

(三)nodejs

```javascript
// Please install OpenAI SDK first: `npm install openai`

import OpenAI from "openai";

const openai = new OpenAI({
        baseURL: 'https://api.deepseek.com',
        apiKey: '<DeepSeek API Key>'
});

async function main() {
  const completion = await openai.chat.completions.create({
    messages: [{ role: "system", content: "You are a helpful assistant." }],
    model: "deepseek-chat",
  });

  console.log(completion.choices[0].message.content);
}

main();
```